视觉艺术东方学

意象与呈现

南宋江南园林源流研究

何晓静　著

许　江　主编

中国美术学院出版社

总　序

生长者的根

许江

暮春时节，浴乎沂，风乎舞雩，鼓荡的春风令我们想望。在今日教育背景之下，新艺科正在持续发展。新艺科的理念已化入大家的建设视野，深植在工作之中。我想就艺术教育和新艺科建设的人文内涵，谈谈东方艺术学及其内蕴之道。

今天，经过学科专业的分类，美术学已经成为许多分立的专业，这些专业往往依其艺术表现的材料语言，构筑起一个自为自洽的系统，也建立起一个个沟壑分明的专业疆域。艺术学专业分类就更为庞杂，互相间缺少深度认识，各说各理，各重各技，少有往来，这是应当引以为警惕的。

艺术作为一门独特的人的智性之学，它不仅是知识的传授，也不仅是技艺的培养，它更是关于人的感性和品性的性灵之学。所谓望秋云神飞扬，临春风思浩荡。艺术寄托着人与自然之间的相造相化的关系，跬积而成一条条深邃悠远的文化脉络，熏养和开启着人的自觉自立的文化性灵。这样的艺术教育，是以艺术的经验、审美的经验作为基本方式的文化教育，其核心是文化观，是关于世界的价值观。

上述的这番话，如果今天你去向ChatGPT发问，它也能如是回答，很正确，但不是真理。为什么？因为它没有真理生成的感性絪缊的东西。它只是字典检索一类的答案，而没有伴着这答案一路走来的性灵感人的存在，也没有真理开蔽之时感彻人心的天地人神合一的境域。这个性灵感人的绵延存在，就是艺术。ChatGPT让我们意识到教育中知识传授的问题，是到了我们重新重视艺术教育的时候了。

两年前，我在“中国艺术大讲堂”上说“价值观”的“观”字。观的繁体写作“觀”。它左边的“雚”是“觀”的本字。雚，甲骨文即是一只大鸟。上部是两只大眼，下部是鸟的胸廓，整个字就是一只大眼睛的猛禽。它翔于天，俯察大地，无所不见。这样的“观”字已然形象地表明了某种独特的洞察力。这种洞察力不仅观看世界，而且代表了感知的经验和能力。它是化生在我们肉身之中的感受力和体验；是浸润在以茶米为食、麻丝为衣、竹陶为用、林泉为居的生活方式中的兴意与品味；是看好书画，吟好诗词，在湖畔烟雨中听芦荡笛声，在云山苍苍、绿水泱泱之中追慕人文的山高水长的揪心感受和诗性境界。这正是ChatGPT所没有的。它只有答案，却没有这样活生生的生命感受以及由这种感受所织成的悲欣交集、痛彻连心的境域。这种自觉自立的、贴心连肉的价值观是一个民族赖以维系的精神纽带，也是我们建设新艺科，建构东方艺术学共享同感的智性基础。

东方艺术学当然不是萨伊德批判的西方知识体系内的“东方主义”，而是东方艺术历史性和当代性的自我建构，其基础是以中国文化为核心的东方艺术的创生之学，是中国传统与东方艺术根性在当代人的精神土壤中的重新生发。东方艺术学作为特殊的智性之学，如何超越其丰繁葳蕤的现象，把握其基本的缘构观念是今天中国艺术教育的核心内涵，也是新艺科教育的重要的启蒙性思想。其中，我要强调三个方面的根源之道：

第一，礼乐之道。孔子在院子里独站着，孔鲤趋而过庭，被问：学诗了吗？孔鲤答曰：未也。孔子说：不学诗，无以言。孔鲤退而学诗。他日，孔子又在院子里独站着，孔鲤又路过，被问：学礼了吗？孔鲤答：未也。孔子说：不学礼，无以立。鲤退而学礼。礼，不仅是祭祀之中的规范和由此生发的社会秩序，同时也是可供日常操习的行为仪轨。如何将祭祀礼拜中的行为落到日常举止之中，使人获得一种优雅大方的风仪，正是孔子所言“不学礼无以立”的意思。“礼”贯穿在器物、空间和仪式等艺术现场，维系着上古国人的精神空间与生活世界，是人的价值观和行为举止的规范。如何让这种仪轨活化，活成日常行为？我们的开学和毕业为什么要有仪式，要着专门的服装？我们的校庆和大师纪念日为什么要有庄重的典礼，要立碑纪念？就是要让这种仪典之礼浸润青年的心灵，以切身的在场之感来熏养和培育举止的品性和力量。中国美术学院的新生一进校，收到的第一份礼物，是几支毛笔、一叠宣纸、一本智永的《真草千字文》。这并不是我们要把每一个学生都培养成书法家，而是希望所有的学生通过摹写，来体察中国文字书写的内涵，进而体验轻重、提按、使转、疏密、急徐、聚散以及心手、技艺之间的诸般关系，收获最初的礼乐之道的训练。

每所大学都有校门，这是一道礼仪之门，不是防疫中的安保之闸，是代代学子的家门。远在孔子治学的学苑里，他曾问理想于众弟子。最后问到鼓瑟的曾皙。曾皙果断地停下手上的弹奏，铿止，答曰：暮春时节，春服既成，吾与冠者五六人，童子六七人，浴乎沂，风乎舞雩，咏而归。那正是我们今天的这个时节，着新成的春服，在沂水中沐浴，迎着风舞蹈，高歌而还。孔子听后不禁喊道：吾与点也！我要和曾皙同往。孔子欣然赞赏的正是曾皙的无名之志。而这种志向正是中国人与自然长相浸润、与时同欢的生命礼乐和生命艺术，也是我们新艺科终极关怀的气度与意境。

第二，山水之道。中国人的心灵始终带着一种根深蒂固的对山水的依恋。何谓“山”？山者，宣也。宣气散，万物生。在中国文化中山代表着大地之气的宣散，代表着宇宙生机的根源。故而山主生，呈现为一种升势。于是，我们在郭熙的《早春图》、范宽的《溪山行旅图》中看到山峦之浩然大者。何谓“水”？水者，准也。所谓“水准”“水平”之意。“盛德在水”，“上善若水，水善利万物而不争”。相对山，水主德，呈现为平势、和势。于是我们在王希孟的《千里江山图》、黄公望的《富春山居图》中看到江水汤汤，千回百转。山水之象，气势相生。所谓山水绘画，正是这种山水之势，在开散与聚合之中，在提按与起落之中，起承转合，趋同逆异，从而演练与展现出万物的不同情态、不同气韵。

山水非一物，山水是万物，它本质上是一个世界观，是一种关于世界的综合性的“谛视”。所谓“谛视”，就是超越一个人的瞬间感受的意志，依照生命经验之总体而构成的完整的世界图景。这种图景是山水的人文世界，是山水“谛视”者将其一生历练与胸怀置入山水云霭的聚散之中，将现实的起落、冷暖、抑扬、阴阳纳入世界观照之中，跬成“心与物游”的整全的存在。德国诗人里尔克有一段话可以帮我们更好地理解“山水化”对于人的意义。他说，在这“山水艺术”生长为一种缓慢的“世界的山水化”的过程中，有一个辽远的人的发展。这不知不觉从观看与工作中发生的绘画内容告诉我们，在我们时代的中间，一个“未来”已经开始了；人不再是在他的同类中保持平衡的伙伴，也不再是那种将晨昏与远近归于己身的人。他犹如一个物置身于万物之中，无限地孤独，一切物和人的结合都退至共同的深处，那里浸润着一切生长者的根。里尔克说的是绘画，那音乐、戏剧、电影、舞蹈、歌唱，何尝不是这样，何尝不是以“世界的山水化”来启迪和熏养人的生长。在那艺学的深处，浸润着一切生长者的根。这个根应当惠及整个新艺科。

第三，言意之道。今天，我们常说宋韵。宋韵的特点在哪里？严羽《沧浪诗话》说：如空中之意、相中之色、水中之月、镜中之象，言有尽而意无穷。以有限的言，抒发无穷的意，这是诗和画要达到的境界。在中国理学的观念中，真理只能为有悟性的心灵所辨识。当卓越的心灵映印出自然影像、自然音响，这比未经心灵解释的自然更加真实。

曹魏时期的才子王弼有一句名言：“君子应物而无累于物。”有为之人要充分地面对万物，应对万物而不受万物的摆布与役制。这位18岁以《老子》思想注《易》的神童的最大历史贡献，就是通过释《易》，对“言”“象”“意”三者关系提出精辟的见解。一方面，他强调通过言，理解象；通过象，理解意。所谓“尽意莫若象，尽象莫若言”。另一方面，强调“得意忘象”“得象忘言”。明白了意，就不要执着于象；明白了象，就不要执着于言。这些见解对于绘画，对于知古人、师造化、开心源的所有艺术之学，都很重要，甚至对我们所有的有志的学术学研者，也很重要。我们的艺术应当充分研究自身的语言，又不可囿于这种语言，应物而无累于物，澄怀味象，神与物游，让自己的心与万物在艺行中相会。以艺术之言，兴发创生之象；以创生之象，蕴积人文之意。如是，提升心灵的自由，生生而不息。

面向言意之道，多年来艺术教育踔厉风发，进行了有为开拓，在各个艺术的门类中进行了“学”的构建，立足艺理兼修的东方艺学传统，从独特的史学、论学、技法学、材料学、比较学、诗文学、教育学、鉴赏学等多个角度，展开艺理融合的深度研究，催生了一批有影响力的艺术创作和艺术成果，培养了一批艺理兼通的创造型人才。在这里边，这种“学”的创生和研究起了重要的导向性作用，对艺术人才的培养是十分有益的。但此次学科专业的新一轮调整，却把“学”集中起来，囿于理论的一块，所有的艺术自身都只剩下专业。这似乎是对一贯倡导的文理兼通、艺学兼通的一种否定性暗示。专业学位的推出又似乎在专业圈子内部，鼓励重艺疏理，重技疏道的风气。这种调整不能不说是对教育一线实际情况的不了解，与我们一贯提倡的宽口径、大视野的育人思想是不相符的。说严重一点，这种调整将多年艺术教育的学术发展和改革提升打回了原形。的确，许多有为艺者要评职称、要当博导，艺科中许多英才需要高学位，艺科建设也不能因为学位点建设而低人一等。但专业学位决不能代替学术学位在艺术教育中的作用，艺理兼修的人才才是艺术教育人才培养的主方向。

今天面对数字技术、人工智能的迅疾发展，艺术教育也催生着众多变革，很多新的研究方面正在跬积而成新的专业群。这些专业群以当代生活大地为根基，着眼东方艺术的自主构建，以艺术的身心经验的方式，重返民族文化的根源性沃土，探索以艺术为驱动的新的艺术人文体系。中国美术学院近来借建院九十五周年之机，提出打造国学门。以文字、器物、山水、园林等文化核心点，调动新文科的所有学术力量，向着相关的人文资源、文化高地展开多样性的融合研究。以“文字研究”为例，既有金石学的中国文字考古研究，又有最新网上字体的创造；既有诗书融合的通匠培养，又有以文字为发端的多样性研究。在它的名下，一批新型的研究者组成新的学术之链，面向社会的新发展，重组资源，激活专业，营造新融合、新高度。与此同时，以“乡土为学院”的育人模式也在深化，艺术乡建已不再仅仅是一些乡建的项目，而是面向中国乡土的生活世界、上手技艺的感受力和创造力的培养的一种新模式，是“山水世界观”的观照下身心俱练的育人方式。这种新变化迅疾而又丰沛，值得我们关注和支持。

东方艺术学的建构正处在一个缓慢却又弘阔的过程之中。但它的作用却在坚定文化自信、建构自主体系、构筑当代文化高峰之中，日益明显。它对于新艺科的整体建设的作用，也是日益明晰。这样一个跨域的艺学研究是一种根源性的研究，既要有坚守而丰沛的艺术创造为基础，又要有集新艺科整体之力来打造人文的总体集结；既要有艺学本身的感人建树，又要有赖以维系民族心灵的价值观的塑造，我们当心怀使命，素履以往。

2023年4月23日

CONTENTS

目录

绪　论

一、研究范围及相关问题

1. 研究范围

南宋时，以临安为中心的江南地区兴起了一次造园高峰。在此之前的江南地区也有过一次造园高峰，由东晋末年的士族南迁所引起。两次江南园林的兴造都非本土自发的园林营造，而是源自政权斗争，北方皇室贵族的造园行为在江南落脚，并对当地原有园林文化产生重大影响。但两次造园诉求并不相同，东晋士族为躲避战乱而希望从山林中寻求自然的庇护，宋室南迁后的造园情感复杂得多。临安作为南宋都城延续近一百五十年，但始终被称为"行在"，不论皇家、贵戚、士人都遥望北都，希望有朝一日能"收复失地"，由此，以临安为中心的南宋环境营造无不弥漫着效仿开封的诉求。对北方园林的效仿是南宋初年园林营造的主题，但再强烈的愿望随着时间逝去、场所改变，都会不自觉让位于在场的西湖山水文化，而生成与皇家文化相适应的江南特有园林模式。

宋代园林是中国园林史上由实用型向艺术型转折的典型代表。这在许多园林研究中被提及，如郭黛姮认为，北宋大体上仍然沿袭了隋唐园林的写实与写意相结合的传统，南宋文人画出现于画坛，导致人们的审美观倾向于写意的画风。这种审美必然会浸润于园林的创作，对后世写意山水园林的兴起也有一定的促进作用。元、明园林创作方法趋向于写意的主导，南宋园林实为其转化的契机。[1]文人园林和寺观园林的兴起对南宋园林的转变也产生了影响。这个观点代表了一大批园林研究者的共同认识，即南宋是园林发生写意转向的关键时期。但除了上述认识外，大部分学者并没有对如何发生的过程进行进一步的论述。

20世纪初，长期留足于日本的，我国第一部造园著作《园冶》，从日本辗转回到国内。由于苏州、扬州保留了大量明清时期的园林遗存，曾兴起了一股研究明清江南园林的热潮。这是中国古典园林史研究的重要时刻，但也因仅以明清为时间范围及苏扬为主要地域，而导致了人们对明代之前江南其他地区的园林研究的缺失。但历史从来不是统一而循序的过程，明清的园林并不能代替宋代乃至任何一个朝代的园林现象，所谓“江南园林”也不是放之四海皆准的说法。那么究竟何为“江南园林”？作为江南最重要城市之一的杭州（南宋临安），对“江南园林”的形成有何意义？在造园活动已经达到鼎盛的宋代是否具有“江南园林”这一类型的园林存在呢？它代表了一个时期还是一个地区的造园特点？或是还有其他可能性？

总结已有“江南园林”的研究会发现其中的局限包括了：首先，以往研究普遍认为江南园林作为一种园林类型，是以“江南”这一地理性因素为其定性的，几乎无关其他地区的发展；其次，它以私家园林为主体，或可涵盖仕宦、寺观、衙署等园林，但却排除了皇家园林；再次，着眼于以苏、扬地区的园林遗存为对象，忽略了江南其他地区的园林历史。

本文立足于对“江南园林”这一观念形成和发展的探索，通过对南宋江南地区园林营造的特点、特定营造手法与后世所谓“江南园林”之间关系的比较，提出这一时期的园林成就了后世江南地区园林发展的模式；通过厘清“江南园林”观念来研究南宋园林发展演变过程，而不是笼统地谈南宋园林，这也是一种新的尝试。

---

1. 郭黛姮主编:《中国古代建筑史第三卷宋、辽、金、西夏建筑》,北京:中国建筑工业出版社,2009年，第558页。

2. 关于时段的划分

本文将南宋园林发展分为三个阶段，每个阶段又分别以不同对象展开讨论。这样的划分基于特定时期不同类型园林所具有的典型性为依据。例如，在南宋早期是以皇家园林为主要对象展开，皇室是这个时期园林营造的主体，皇家园林奠定了南宋园林的基调，是南宋园林诗意转向的关键。南宋中期则以贵戚园林和官家园林为主体进行论述，它们紧随皇家园林的步伐，延续皇家的形制和特征。到了南宋中晚期则集中讨论文人造园，这一时期临安城内的园林活动基本处于停滞状态，随着文人阶层扩大而兴起的文人造园则以西湖为中心，并在江南其他地区扩散发展。全文以此方式进行论述，不仅从造园主体的角度，自上而下分类进行，而且从时间延续的角度，从早到晚循序推进。但很多时候会出现交叠的情况，因此特定类型和特定时间并不是论述的唯一线索，文中仍会梳理园林在整个南宋时期的发展状况，以说明其整体的特征。

3. 关于地理范围的确认

江南园林作为主要的论述对象，首先以其地理学意义上的“江南”为范围界定。“江南”这个概念本身，学界有过很多讨论。“江南”早期与“江北”“中原”等概念区分、对立，范围较为模糊。尔后，由于行政区域的划分而具有较为明确的范围，即以唐贞观年间设置江南道为始，江南道的辖境包括今浙江、福建、江西、湖南、江苏、安徽全部，以及湖北南部、四川东南部、贵州东北部等地区。再后来“江南”便有更广泛的经济及文化上的属性。周振鹤先生认为：“江南不但是一个地域概念——这一概念随着人们地理知识的扩大而变易，而且还具有经济含义——代表一个先进的经济区，同时又是一个文化概念——透视出一个文化发达的范围。”[2]在中国古典园林研究领域，江南这个概念多用于明代以苏州为中心的苏湖地区的园林研究。汉宝德将中国古典园林史分为四个时期，其中南宋至明末的五百年称为“江南时代”。[3]

在这个大地域范围确定的情况下，本文论述从临安西湖开始，囊括杭嘉湖地区（包括吴兴、平江等地），再辐射至江南其他地区，包括现在的浙江、江苏、江西全境及安徽部分地区。

4.关于概念的确定

园林史中对于园林的定义分别有园、囿、苑、池亭等，它们出现在不同时期和不同的园林类型中。词语的变化昭示着语言使用环境的改变，园林范畴里的苑、囿等词语的出现及用法都关系到对园林内容的确认。讨论词语和概念的源起及变化过程是获得园林意象的重要方面。明代晚期出现的第一本造园书《园冶》确定了大部分现代的园林术语，但在这之前园林语言已经广泛地存在于对园林活动的认知和实践中，因此对相关术语的辨析和梳理也是本文研究的主要内容。

陈植认为造园一词发源于元末明初陶宗仪的《曹氏园池行》。[4]苑、囿合成见于《吕氏春秋·重己》：“昔先圣王之为苑囿园池也，足以观望劳形而已矣。”注称：“畜禽兽所，大曰苑，小曰囿。”

曹林娣则认为园林是个渐次扩展的概念，古籍中根据园林的不同的性质，亦称作囿、园囿、囿苑、苑囿。[5]园林一词是魏晋南北朝随士人园的产

2. 周振鹤：《释江南》，北京：生活·读书·新知三联书店，1996年，第334页。

3. 汉宝德：《物象与心境——中国的园林》，北京：生活·读书·新知三联书店，2014年，第130页。

4. 陈植：《中国造园史》，北京：中国建筑工业出版社，2006年，第8页。

5. 曹林娣：《中国园林文化》，北京：中国建筑工业出版社，2005年，第2页。

生而出现的。西晋张翰有“暮春和气应，白日照园林”之句，左思有“驰骛翔园林，菓下皆生摘”之句，东晋陶渊明亦有“静念园林好，人间良可辞”之句。[6]

除了园林词汇的定义，园林的归类及方法也不一而足。从隋唐以来类书中对于园林相关内容的规定可以感受到园林内容及人们对园林诉求的改变。唐欧阳询等人编纂的《艺文类聚》，在居住部有宫、殿、楼、堂、宅舍、斋、庐等，园、囿则归于产业部。清张英、王士禛等编撰的《渊鉴类函》把城、宫殿、宅舍、堂、室、楼、台、庭、园囿、苑囿都归在居住部。清陈梦雷编纂、蒋廷锡校订的《古今图书集成》体例有了较大的改进，先分编，后分典，再分部。有关园林苑囿的资料都归在经济汇编考工典的诸部，如城池部、宫室总部、宫殿部、苑囿部、宅第部、堂斋轩楼阁台诸部、园林部、池沼部、山居部、村庄部等。本文对园林词汇的辨析以上述几种类书为主要参考对象。

二、研究小史与研究现状

现有关于宋代园林的研究呈现两种情况：一种是把宋代园林作为一个整体进行断代史研究，以区别于汉、魏、唐、元、明、清等时期的园林；另一种是分述北宋、南宋时期的园林特点，但不进行比较研究，这两种情况都缺乏以传承和演变的眼光看待这个特殊时期的园林。就整个园林史研究的现状而言，这种情况是常见的，但缺陷也是明显的，即虽然每个朝代所呈现的园林特征显著，人们仍难以在相邻朝代间建立园林发展的内在联系。这两大类研究中包括了以下几个方面的内容。

6. 曹林娣：《中国园林文化》，北京：中国建筑工业出版社，2005年，第3页。

1. 直接相关的南宋园林研究

早在1935年，孙正容发表了《南宋临安都市生活考》，关注南宋临安的生活研究。[7]张家驹发表《宋室南渡后的南方都市》，以杭州为中心，对南方都市和市井的繁盛、宴游的好尚、奢侈的风气进行了描述分析。[8]有关南宋城市及园林研究是由2002年傅伯星和胡安森合著的《南宋皇城探秘》开始的，虽主要研究的是南宋皇城，但作为园林的城市背景，皇城让南宋园林研究有了切实可寻的依托。2004年暨南大学张劲的博士论文《两宋开封临安皇城宫苑研究》，对两宋皇家苑囿的情况都有论述，为本文提供了一定的文献依据，但其局限在于未对二者做相应的对比研究。2009年，安怀起和孙骊共同编写的《杭州园林》，是目前为止关于杭州及西湖历代园林研究最直接的著作，但其仅就西湖现有园林作考证，所列举的只是宋代园林的凤毛麟角。2009年北京林业大学的两篇博士论文，洪泉的《杭州西湖传统风景建筑历史与风格研究》和鲍沁星《杭州南宋以来的园林传统理法研究》是近年来有关西湖建筑与园林文化研究较为重要的文献，为本文提供了诸多相关文献查询的信息。另有些著作涉及西湖园林的研究，分别是2000年阙维民的《杭州城池暨西湖历史图说》，1990年施奠东主编的《西湖风景园林：1949—1989》《西湖志》，另外王国平主编的《西湖文献集成》（30册）收集了大量有关西湖的历史文献，这些均为前期的文献查询提供了便利。

2. 基于“江南园林”观念的研究

汉宝德先生在《物象与心境——中国的园林》中把南宋至明末五百年称为园林的“江南时代”，这是一全新的论言，不仅从时代和地理上区分了两宋园林，更是开启了审视中国古典园林的新视角。童寯的《江南园林

7. 孙正容：《南宋临安都市生活考》，《文澜学报》1935 年第 1 期。
8. 张家驹：《宋室南渡后的南方都市》，《食货》1935 年第 1 卷第 10 期。

志》[9]、杨鸿勋《江南园林论》、潘谷西《江南理景艺术》，都是以“江南”为界定的园林研究重要著作。

童寯的《江南园林志》是近代以来研究江南园林最重要的一本著作。书中提出在园林研究中图文不相对应的情况：“自李文叔以来，记园林者，多重文字而忽图画。”文字的记载大大多于图像，有关园林的绘画，只能称之为“山水画”而已。童寯为了能弥补此憾，在书中以图文结合的方式举证。同时他还清楚认识到，“园林妙处，亦绝非一幅平面图所能详尽。”楼台高下，花木掩映，洞壑曲折，游者迷途，是“摹描无术”的，如果没有身临其境，也不足以“穷其妙”。全书分为文字和图例两大部分，文字部分由“造园”“假山”“沿革”“现况”“杂识”组成，考据清晰，旁征博引。图例部分包括版画（28幅）、国画（6幅）、插图（281幅）以及平面图（28幅），是研究明清时期园林遗存的重要材料，也为本文提供了参照的范本。

刘敦桢在《苏州古典园林》[10]中称晋室南迁以后苏州一带始见造园记载。钱镠父子踞杭州大治城郭、宫室，苏州是其重要据点。刘敦桢在书中提及，几次苏州园林大发展的时期，都是以当时的杭州作为造园中心。但现在杭州几乎没有古代园林留存，主要原因可以这样认为，作为最重要的都市之一，虽然享有优先建设的权利，但遭遇破坏时也是首当其冲的。如在宋末和明末，杭州城市遭到严重破坏，使得一些历史记载的遗迹不复存在。

3. 总体的中国园林史研究

以周维权《中国古典园林史》为代表的通史类著述。陈植的《造园学概论》[11]于20世纪30年代出版，是我国第一本造园学专著。全书分为《总论》《造园史》《造园各论》与《结论》四个部分。该书内容丰富，涉及范围广

9. 童寯：《江南园林志》，北京：中国建筑工业出版社，1984年。
10. 刘敦桢：《苏州古典园林》，北京：中国建筑工业出版社，2005年。
11. 陈植：《造园学概论》，北京：中国建筑工业出版社，2009年。

泛，为刚刚接触到园林的学生打开园林学习的思路。书中内容涉及古今中外的园林概念、造园历史、造园手法及现代造园的规范和管理制度等。在《造园史》部分中有关南宋园林，陈植写道："自迁都临安后，宋室群臣靡不竞为园林之建置，盖已咸求苟安，绝无进取志矣。南宋园林之不可考者，即就京畿已达三十余所，他处犹不胜计。"[12]

陈植在另一本《中国造园史》[13]中首先介绍了中国造园词汇的起源和意义，中国造园对古代日本造园的影响，然后分别从苑囿史、庭院、陵园、宗教园、名家、名著、天然公园等不同角度，把不同属性的园林进行区分介绍。关于南宋园林的内容，第二章《苑囿史》记录了南宋皇家园林中的"大内苑和北内苑"、皇家别苑、皇家宫观园林及贵戚园林。其中，对园林构造中的"射圃"专门罗列一条，陈植在研究中发现了宋代园林里的特有现象，然而并未展开叙述，这可以作为论证园林从实用艺术转向审美艺术的重要证据，本文将在最后一章展开论述。第三章《庭园》提及的南宋园林仅有"集芳园"（后归贾似道）和"香林园"两处。第六章《造园名家》中认为典型的宋代造园名家有北宋的欧阳修、苏轼、朱勔及南宋的俞澄（即《吴兴园林》中"俞氏园"主人）。《癸辛杂识》中称俞氏："盖子清胸中自有丘壑，又善画，故能出心匠之巧。"

汪菊渊的《中国古代园林史》[14]上册以断代的方式来描述园林的发展及特征，下册以地域分区来描述明清时期的园林个案。上册的第六章《宋辽金时期园林》首先介绍了北宋到南宋的政治变化情况，再介绍了临安的城市情况，考据了临安的城市布局及环境；描述南宋皇城的布局、后苑的园林，以及大内所在凤凰山、万松岭的自然山体地形。第五小节重点介绍德寿宫、外御园及贵戚园林，如庆乐园（后赐予韩侂胄）、南园（原集芳园，后赐予贾似道）、蒋苑使花园等，并介绍了近似陪都的吴兴的园林，文本材料主要源

12. 陈植：《造园学概论》，北京：中国建筑工业出版社，2009年，第37页。
13. 陈植：《中国造园史》，北京：中国建筑工业出版社，2006年。
14. 汪菊渊：《中国古代园林史》，北京：中国建筑工业出版社，2006年。

第一章

从北方到南方：皇家园林在西湖

一、园林兴造背景

南宋园林发展的转折首先发生在朝代更迭这一大的历史背景下，南宋虽然在军事上薄弱，但经济繁荣、生产水平高度发展。文人士大夫追求游历自然、感怀山水，内向化、意象化的艺术形式正是这一诉求的外在表征。就园林而言，这种情况最显著地表现在规模缩小，内部活动趋向于文人小团体间的交流以及用诗词语言来为园林景观和构筑题名等。

改变最初发生在以皇家为中心的上层文人团体内。虽然宋代出现了较以往任何年代更广泛、更深刻的阶层间融合，园林活动的受众面扩大至普通文人及市民阶层，这很大程度上归因于皇家、公家园林定期对市民开放的举措，使园林文化得以传播。但真正的造园活动仍局限于非常小范围的人群中，这项活动需要较高的社会地位和强大的经济基础，绝非普通文人所能承担。再者，在信息传播不发达的年代，掌握主流话语权的始终是以皇家为中心的上层文人团体，他们拥有书写和发行的双重权利，而在此过程中对市民，以及村落文化的吸收和传播，只是对非主流文化有意识地个别吸收。

周维权认为，封建时期的园林虽然有许多不同风格，但有四个共同特征：首先，绝大多数直接为统治阶级服务，或者归他们所有；第二，主流是封闭、内向的；第三，以追求景观的视觉之美和精神寄托为主要目的，并没有自觉地体现所谓社会、环境效益；第四，造园工作由工匠、文人和艺术家完成。[1]南宋出现了中国古典园林史上的转折，皇家园林的转向是关键。

在造园主体确定的情况下，园林营造手法转变的发生还需要一个契机，那便是南渡。政权中心的转移，使整个造园活动从中原地区转移到以西湖为中心的江南湖山环境，此时园林的改变，可以说是皇家及上层文人原有造园思想应对西湖湖山环境的书写转变。湖山成为可见、可参照的园林模板，同时，湖山也成了被改造、被借鉴的对象。临安的园林建设首先以模仿汴京的形制开始[2]，这一点在杭州从南宋到明代都保留着汴京的遗风上，可见其影响之大。作为国都的汴京在北宋对四方都有极大影响，但不会对远隔千里的杭州造成这么大的影响。正常的迁都也不会有此影响。但是临安不同，因为建设者一直存在着一种回归、收复的心态，采用“再现东京”的手段也即昭示着“不忘复国”，所以在园林建设上也有明显的仿效。

但是园林区别于其他艺术的最大特点，是对地理环境的依赖，对自然的渴求和占有而形成，并以其可获得的自然作为生存的依托。因此，南宋造园虽然仿效汴京，但地理环境对其产生的影响，在造园过程中逐步形成特有的“江南”风韵，从而影响后世园林。

皇家园林在以下几个方面发生了变化，从物质角度来说，首先，通过微缩景观意象入园或借西湖景入园，在园林营造中创造场景以模仿西湖；其次，直接运用能象征西湖的物质元素，引西湖水入园或用西湖周边的水体、树、石等元素造景。从精神角度而言，最直接的是在园林中引用前代驻留西湖文人的诗文意象造景，以白居易、苏东坡、林和靖等为代表。

1. 周维权：《中国古典园林史》（第三版），北京：清华大学出版社，2008年，第3页。
2. 程民生：《汴京文明对南宋杭州的影响》，《河南大学学报》（社会科学版）1992年第32卷第4期。

二、园林兴造行为的确立

1. 城市园林中心的确定

在权衡杭州与南京哪里更有利于安稳发展，以及与整个国土关系的地域性考虑后，南宋王朝在绍兴十一年（1141），确定杭州为临时都城，定名临安，开始了一系列的都城化建设。《夷坚志》称："金人南侵，高宗奔杭，有人题诗吴山子胥祠云：'迁杭不已思闽广，牛角山河日如尖。'"[3]有学者认为，南京和杭州是宋代经济最发达的地区，都能供养政府和军队，都具有长江这样的天然屏障。定都江宁有利于北上；定都杭州有利于开拓海外贸易，且一旦发生战争还有东奔明州下海逃生的余地。[4]但是直到他们真正身临其境才知道当时汴京之人的歌咏实际上多有夸妄。高宗称："汴中呼余杭百事繁庶，地上天宫。及余邸寓山中，深谷枯田，林莽塞目，鱼虾屏断，鲜适莫扑，惟野葱苦荬，红米作炊，炊汁少许，代脂供饭，不谓地上天宫有此受享也。"[5]可见南渡最初生活条件的艰辛。杭州之真正繁华富丽，实在高宗驻跸以后，更甚至是为驻跸五十年百年之后。[6]虽然杭州的地势条件对于发展来说有诸多限制，但在当时似乎没有更好的选择了。一经确定，皇室及南渡官员便对杭州城市进行了一系列的评估，最后以原杭州州治的位置扩建皇宫，再以此为中心配置其他行政机构。（图1）

---

3. ［清］厉鹗等：《南宋杂事诗》卷六，杭州：浙江人民出版社，2016 年，第 372 页。
4. 李裕民：《南宋是中兴还是卖国——南宋史新解》，何忠礼主编：《南宋史及南宋都城临安研究》（上），北京：人民出版社，2009 年，第 16 页。
5. ［宋］袁褧：《枫窗小牍》（卷上），《武林掌故丛编》。
6. 徐益棠：《南宋杭州之都城的发展》，《中国文化研究会刊》第四卷（上），1944 年，第 242 页。

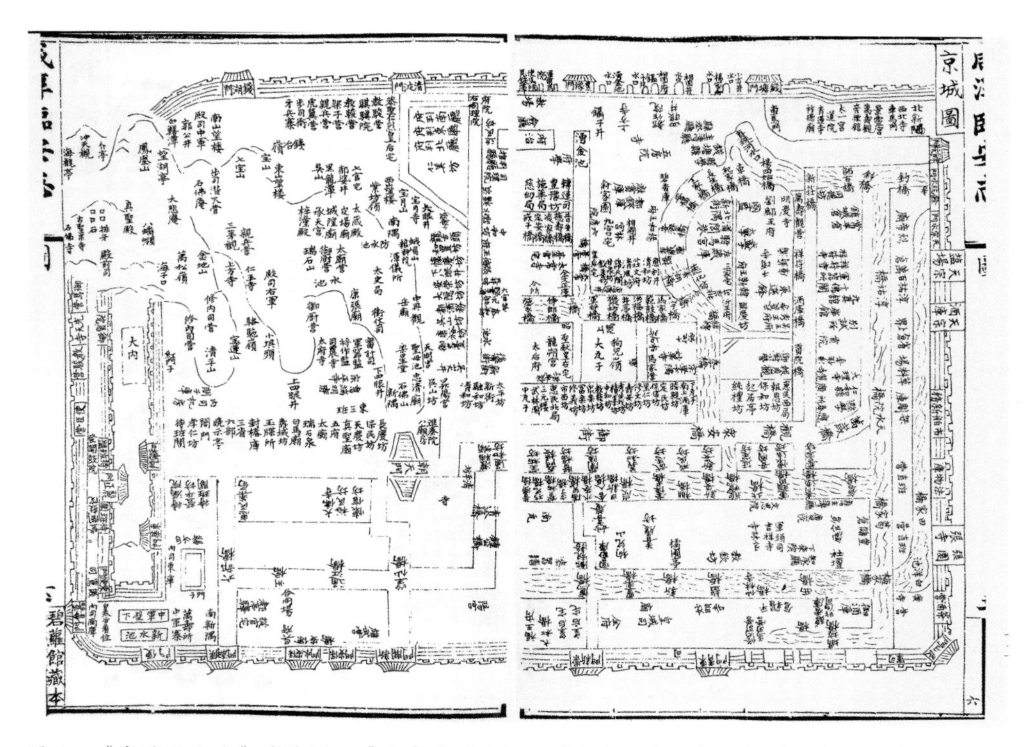

图 1　《咸淳临安志》京城图。［宋］潜说友撰：《咸淳临安志》，杭州：浙江古籍出版社，2012 年，第 12 页。

2. 皇家的兴造行为

临安都城的兴造开始于绍兴十七年（1147），在与金达成互不干扰的媾和条件之后，以皇家为中心，由北南渡而来的宗室、富民开始改善居住环境。在唐之后南宋之前，西湖虽早以胜赏之地闻名天下，但围绕西湖造园之事并未有多见。五代之前，正史地理志对于西湖及其杭州的记载，仅介绍其为东南地区临水傍山的城市——钱塘，有山有水曰“武林山、武林水”[7]。至唐，白居易任杭州刺史，开始对杭州风物作微略记载，如：“乐天罢杭州刺

7. ［汉］班固撰：《汉书》卷二十八（上），北京：中华书局，1962 年，第 1591 页。

史，得天竺石一、华亭鹤二以归。”[8]白居易开启了历代文人对于偏远东南城市杭州及西湖的遐思。

位于凤凰山的杭州行政中心位置最早是隋代建杭州府所确定的府治所在地[9]，从此之后历代因之。五代由于偏安之势，以及钱王室把它作为一国之都治理，使杭州在各地混乱的局势下，持续稳步地发展成为东南大都会。《旧五代史》记：“钱塘江旧日海潮逼州城，镠大庀工徒，凿石填江，又平江中罗刹石，悉起台榭，广郡郭周三十里，邑屋之繁会，江山之雕丽，实江南之胜概也。”[10]五代杭州的建设可以说是日后成为南宋都城的基础。《宋史·高宗本纪》称，高宗为钱王转世，由此定都杭州为顺应天命。鬼神之语虽不可信，却也显示了南宋上层为确立定都的合理性所假托的意愿之恳切。

岳珂（1183—1243）在描述行都之时称：

> 行都之山，肇自天目，清淑扶舆之气，钟而为吴，储精发祥，肇应宅纬。负山之址，有门曰朝天，南循其陕为太宫，又南为相府，斗拔起数峰，为万松八盘岭，下为钧天九重之居，右为复岭，设周庐之卫止焉。[11]

此处有作为行都大地理背景的凤凰山，有“清淑扶舆”的气候。山体“复岭”，有“周庐卫之”的防御之势，几百年来储蓄精力就是为此时作为行都之备。（图2）

8.［后晋］刘昫等撰：《旧唐书》卷一百六十六，北京：中华书局，1975 年，第 4354 页。

9.《十国春秋》卷七十八，《吴越二·武肃王世家下》载：“是岁，广杭州城，大修台馆，筑子城，南曰通越门，北曰双门。按：隋开皇九年建杭州府，治于凤凰山柳浦西，唐因之，吴越国治即在此，后宋高宗以为行宫。”

10.《钱镠传》，《旧五代史》卷一百三十三。

11.［宋］岳珂撰，吴启明点校：《唐宋史料笔记——桯史》，北京：中华书局，1981 年，第 13 页。

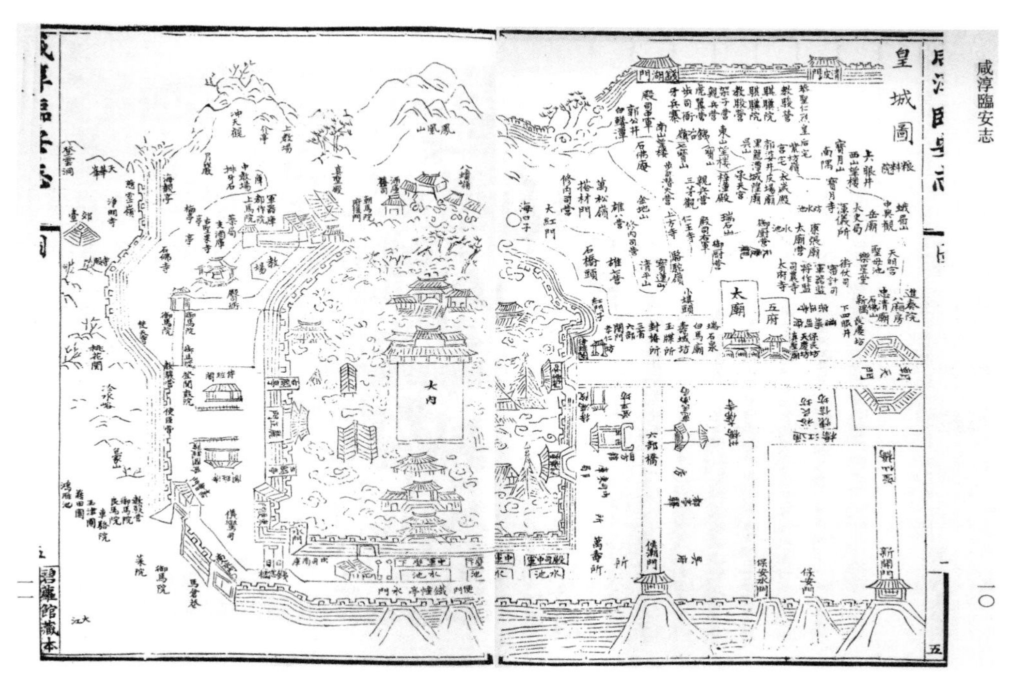

图 2　《咸淳临安志》皇城图。［宋］潜说友撰：《咸淳临安志》，杭州：浙江古籍出版社，2012 年，第 10 页。

文中引旧传言：

> 天目山垂两乳长，龙腾凤舞到钱塘。山明水秀无人会，五百年间出帝王。

从传言的角度称高宗的南渡早在五百年前就已被预料到，非人力所能抗衡。毕竟君王之事仅靠传言不足以为信，岳珂文中又借苏轼作表忠观碑一事来称前代谶语彰显，写道：

> 钱氏有国，世臣事中朝，不欲其语之闻，因更其末章三字曰“异姓王”，以迁就之，谶实不然也。东坡作表忠观碑，特表出其事，而谶始章。建炎元二之灾，六龙南巡，四朝奠都，帝王之真，

于是乎应。[12]

高宗建炎开始至孝宗淳熙结束的两朝六十余年是南宋偏安以来兴造建设阶段。这一时期园林建设的特点是从最初提倡简朴到不可避免地大兴土木。这个不可避免，不单是皇家及士族贪图享乐的追求，同时也是因为政权稳定，工商经济的发展，作为都城的临安土地因日益增长的人口，不可避免地被开发和兴建。参与建设的主要人群为皇室、宗族和高级仕宦等特权阶层，这些人能进入权力核心圈，此外还有些能密切接触核心圈的群体，如内侍、外戚等。

陈植称“自迁都临安后，宋室群臣靡不竞为园林之建置，盖已咸求苟安，绝无进取志矣。南宋园林之不可考者，即就京畿已达三十余所，他处犹不胜计。”[13]这三十余处的估算至少一半隶属皇家。[14]《南宋古迹考》对宋代的皇家苑囿有较为详尽的分析。该书考据了《宋史》《武林旧事》《梦粱录》及《乾淳起居注》[15]，并互为论证。书中对南宋园林作了以下几点的概述，首先提取原有文献对园林活动进行描述，分解出相应的园林构造，如堂、亭、榭馆等；其次，考据具有不同构造的园林诗文。据统计，南宋临安的皇家苑囿有：

湖上御园，南有聚景、真珠、南屏，北有集芳、延祥。玉壶，虽真珠后归循王，集芳后归似道，而屡经临幸，仍属御园。南园始于侂胄，后即易名玉壶，创自鄘王，旋收内府，故自玉津、富景、五柳之

12. ［宋］岳珂撰，吴启明点校：《唐宋史料笔记——桯史》，北京：中华书局，1981年，第13页。

13. 陈植：《造园学概论》，北京：中国建筑工业出版社，2009年，第37页。

14. ［清］朱彭 撰：《南宋古迹考》，杭州：浙江人民出版社，1983年，第26—47页。据《南宋古迹考》统计：皇家别苑有十五个，诸王贵戚园林有十一个。

15.《乾淳起居注》应是对应武林旧事卷七部分，朱彭所注皆是《乾淳》，究其原因是这两部书在清代朱彭时期被分开辑刊了。

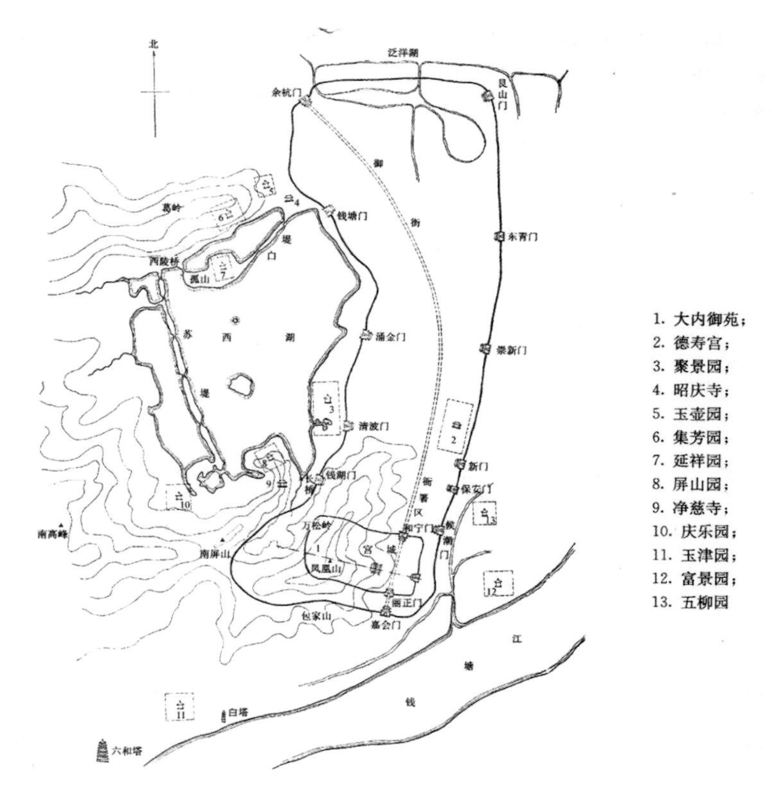

图 3　皇家苑囿分布图。郭黛姮主编：《中国古代建筑史第三卷宋、辽、金、西夏建筑》，北京：中国建筑工业出版社，2009 年，第 573 页。

外，即将诸园载入。至既赐后，所有题咏，别详诸臣园中。[16]

如其所称，原来的皇家园囿真珠园后归循王，集芳园后归贾似道；南园先赐予韩侂胄，后又收回御前易名玉壶。这种赠予和收回行为在南宋皇室和宠臣之间时有发生，这也触发了皇室和仕宦园林趣味发生融合。（图3）

16.［清］朱彭撰：《南宋古迹考》，杭州：浙江人民出版社，1983 年，第 45 页。

三、园林举要：玉津园、聚景园、德寿宫

1. 作为政治仿效的玉津园

玉津园建于绍兴十七年（1147）[17]，是南宋定都杭州，时局得以稳定后第一批兴建的皇家宫苑，其因以恢复“宴射”“饮饯亲王”之用而被建，李心传称“皆以为讲礼之所”，是皇家为复兴北宋承平之时的礼仪制度而设置的。根据下列史料记载，玉津园的位置较为清晰。

南宋王象之《舆地纪胜》记：“玉津园，在龙山之北。”

南宋吴自牧《梦粱录》记：“城南有玉津园，嘉会门外，南四里。”

南宋周密《武林旧事》也记：“在嘉会门外。”

清朱彭的《南宋古迹考》考据了多重文献，得出其“在嘉会门外南祀礼，洋泮桥侧”。位置如图所示（图3）。

在《宋史》及《宋会要辑稿》内有较多皇家游幸玉津园的记载。最后一条有关玉津园内宴射的记录在《西湖老人繁胜录》中有所记载，宁宗朝，金国使者来贺生辰，朝中安排使臣观潮、玉津园宴射、西湖游赏等活动。所召箭班“急来祇应”[18]为使臣表演射箭活动。

在南宋晚期，玉津园成了无人管理的野园。元诗人宋无的《玉津园》写道：

御爱花无主，长生树几时。

青青辇路草，尽属牧羊儿。[19]

---

17. ［宋］李心传撰，徐规点校：《建炎以来朝野杂记》，北京：中华书局，2000年，第78页。
18.《西湖老人繁胜录》转引自《西湖文献集成》第二册，杭州：杭州出版社，2004年，第18页。记：“宁宗圣节，金国奉使贺生辰毕，观江潮，玉津园射。临射时，二人叉手立于垛面前，系招箭班急来祇应，专一挨箭，奉使以为神人射。射毕出山，于钱塘门外西湖边更衣。”
19. 同上，第467页。

诗歌感叹世事之无常，园林即便得到顶级的宠幸，寄予崇高的理想，终归还是回到生命最原初的需求。除了举办宴射活动，玉津园内不常有其他的赏景活动，大部分皇家的游赏会安排在西湖，但玉津园里仍有基本的园林场景和构筑。玉津园内场景意象可以从有关的诗词中大致把握。孝宗在《玉津园纵观春事，适霁色可喜，洪迈有诗来上，俯通其韵》写道：

春郊柔绿遍桑麻，小驻芳园览物华。
应信吾心非暇逸，顿回晴意绝咨嗟。
每思富庶将同乐，敢务游畋漫自夸。
不似华清当日事，五家车骑烂如花。

整首诗以“非暇逸”“将同乐”作为园林主要意义的呈现，这也是孝宗治理朝政时的主要政治主张。此时的园林并非贪图享乐之处而是被寄予了政治愿望和民生期待的。

洪迈应和的诗《车驾宿戒幸玉津园，命下，大雨，将晓有晴意，已而天宇豁然，进诗歌咏其事》写道：

五更犹自雨如麻，无限都人仰翠华。
翻手作云方怅望，举头见日共惊嗟。
天公的有施生妙，帝力堪同造物夸。
上苑春光无尽藏，何须羯鼓更催花。[20]

该诗并没有过多的场景描述，但从“都人”的俯仰及“帝力”的造物之美的互动来描述玉津园“无尽藏”的风光。

曹勋的《从驾玉津园》则较为具体描述了园内场景：

20.［清］朱彭撰：《南宋古迹考》，杭州：浙江人民出版社，1983年，第38页。

天子行春御六龙，五云回暖泛晴风。
和鸾宝苑梅花路，剩有香传玉座中。
花稍糁糁动朱栏，萱草侵苔色已乾。
竹阙风光随处乐，春台人物不知寒。[21]

诗文中写到的场景有“梅花路”“萱草”“苔”“竹阙”“春台”等，共同组成了园林形象，还提到讲求嗅觉体验的“香气”，体现出园林感受的多样性。

任希夷[22]《宴玉津园江楼》：

风光连北阙，景物傍西湖。
禁籞涛江上，兹楼天下无。
风静潮痕减，江空夕照多。
星星波上艇，隐隐岸边莎。
虚斋留御榻，小径近层岩。
再拜观奎画，浑疑侍玉阶。
参天宫柏翠，布地禁花红。
台沼如文囿，规模有汴风。
翼翼瞻斋殿，深深步苑廊。
三人俱汉杰，一老玷周行。

诗词给原本模糊的玉津园提供了较完整的形象。因为玉津园位于钱塘北岸，在西湖景观范围内，但又近钱塘江，园内很多活动直接联系了观潮。诗文第一、第二句中“连北阙”“傍西湖”是对地理位置的确认，后文则有“虚斋”“台沼”“斋殿”“苑廊”“小径”等园林构成，还有“宫

21.［清］朱彭撰：《南宋古迹考》，杭州：浙江人民出版社，1983 年，第 38 页。
22. 任希夷（1156—不详），于孝宗淳熙三年（1176）进士及第。

远臣侍宴应无日，目断尧云到晚回。[31]

由于“圣主”有“扰民”的忧虑而取消游园活动，导致了园内“刍荛”横生、“雉兔”往来，临水的露台、水殿也都冷清萧瑟。诗中关于“宫花”“苍苔”“藻荇”的描绘加强了园林萧条的感受。

曹勋《聚景园看荷花》：

四光收尽一天云，水色天光冷照人。

面面荷花供眼界，顿知身不在凡尘。

此诗写出了聚景园“收尽一云天”的宏大场面以及“面面荷花”的仙境气象。

南宋晚期理宗之后，聚景园由于较少打理而逐年荒芜，仅剩几座老屋了。[32]“惟夹径老松益婆娑，每盛夏，芙蓉弥望，游人舣舫遶堤外，守者培桑莳果，有力本之意焉。”[33]到元代，这一带成为了僧寺道院。到清代朱彭写《南宋古迹考》时则已经是遍地丘垅了。

释永颐的诗歌《聚景园》描绘了此场景：

路绕长堤万柳斜，年年春草待香车。

君王不宴芳春酒，空锁名园日暮花。[34]

聚景园奢华的形制在后史中仍留下零星记载。清代《钱塘志·天逸阁》

31.［清］朱彭撰：《南宋古迹考》，杭州：浙江人民出版社，1983 年，第 40 页。

32. 同上，第 39 页。《南宋古迹考》：“按史：理宗后罕临幸，渐致荒落，故过者有‘尽日垂杨覆御舟’及‘空锁名园日暮花’之句。元时复为浮屠，今则遍地丘垅矣。”

33.［宋］潜说友纂修：《咸淳临安志》，《宋元方志丛刊》第四册，根据清道光十年（1830）钱塘汪氏振绮堂刊本影印，北京：中华书局，1989 年，第 3490—3491 页。

34.［清］朱彭撰：《南宋古迹考》，杭州：浙江人民出版社，1983 年，第 40 页。

载："聚景园亭台尚有花醉、澄澜诸名，则七十二亭即田（田汝成）《志》（《西湖游览志》）尚未能尽也。"[35]园内有"七十二亭"的说法不论是否准确，其豪侈程度可见一斑。

3. 造西湖景的德寿宫

德寿宫原为秦桧故居，绍兴三十二年（1162）六月戊辰，在高宗禅让皇位给孝宗后，正式以"德寿"命名，构筑新宫。孝宗禅位后也居于此，更名重华。后又更名慈福、寿福。"凡四侈鸿名，宫室实皆无所更。"[36]德寿宫多次易名，先后居住过高宗、孝宗、宪圣太后、寿成太后。《舆地纪胜》记：

> 重华宫，即德寿宫也。寿皇逊位处此，改名重华宫。
>
> 慈福宫，即德寿宫也。
>
> 寿慈宫，李心传《朝野杂记》云："旧为德寿宫及慈福宫。"

《咸淳临安志》记：

> 重华宫，即德寿宫。孝宗皇帝淳熙十六年正月，诏改名重华。
>
> 慈福宫，即重华宫以奉宪圣太皇太后
>
> 寿慈宫，即慈福宫以奉寿成皇太后。[37]

有关德寿宫的位置，南宋王象之《舆地纪胜》引《朝野杂记》记："德寿宫，乃秦丞相旧第也，在大内之北。"

---

35. ［清］厉鹗等：《南宋杂事诗》卷五，杭州：浙江人民出版社，第 246 页。
36. 同上。
37. ［宋］潜说友纂修：《咸淳临安志》，《宋元方志丛刊》第四册，根据清道光十年（1830）钱塘汪氏振绮堂刊本影印，北京：中华书局，1989 年，第 3367—3369 页。

南宋吴自牧《梦粱录》记："寿宫在望仙桥东，元系秦太师赐第，于绍兴三十二年六月戊辰，高庙倦勤，不治国事，别创宫廷御之，遂命工建宫，殿匾'德寿'。"

南宋周密《武林旧事》记："德寿宫，孝宗奉亲之所。"

清朱彭的《南宋古迹考》记："德寿宫，在望仙桥东。高宗皇帝将倦勤，即秦桧旧第筑新宫，绍兴三十二年六月戊辰，诏以德寿为名，乙亥内出御札。"

德寿宫与凤凰山的皇宫合称"南北内"。因其位于望仙桥，大内之北方，所以称之为"北内"。岳珂《桯史》对德寿宫及其选址始末的记载最为详备，称此地"朝天之东有桥曰望仙，仰眺吴山，如卓马立顾"。在绍兴初年，望气相地者认为这里"有郁葱之符"。[38]秦桧便请高宗赐给他作为建宅第家庙之地。当德寿宫还是秦桧的宅院时，它的东侧是家庙，西侧是原秦桧受赐的"一德格天阁"，与德寿宫屋顶相连的北面即皇家的佑圣观。绍兴二十五年（1155），秦桧死后，朝廷便逐渐收回秦家的宅地。

南宋史研究者对德寿宫的位置和基本范围做过相应考据，这也为本文对其内园林研究提供了基础性的研究材料。据《咸淳临安志》卷首的《京城图》推测，德寿宫东面，"达临安府城东边城墙下，即今夹巷"；西面，"跨过旧茅山河，近今靴儿河下"；北面，"包括今梅花碑一带"；南面，"靠近望仙桥直街"。[39]

南宋有关德寿宫的文献有王象之的《舆地纪胜》、吴自牧的《梦粱录》、周密的《武林旧事》、潜说友的《咸淳临安志》，它们对宫内的园林场景都有较为详尽的描述，很大程度上参照了李心传的《建炎以来朝野杂记》或互为参照。周密《武林旧事》内"乾淳奉亲"部分对德寿宫内的园林活动记载犹为细致。后人有关德寿宫的考证多来源于"乾淳奉亲"。

38. [宋]岳珂撰，吴启明点校：《唐宋史料笔记——桯史》，北京：中华书局，1981年，第13页。

39. 林正秋：《南宋都城临安》，杭州：西泠印社，1986年，第49—50页。

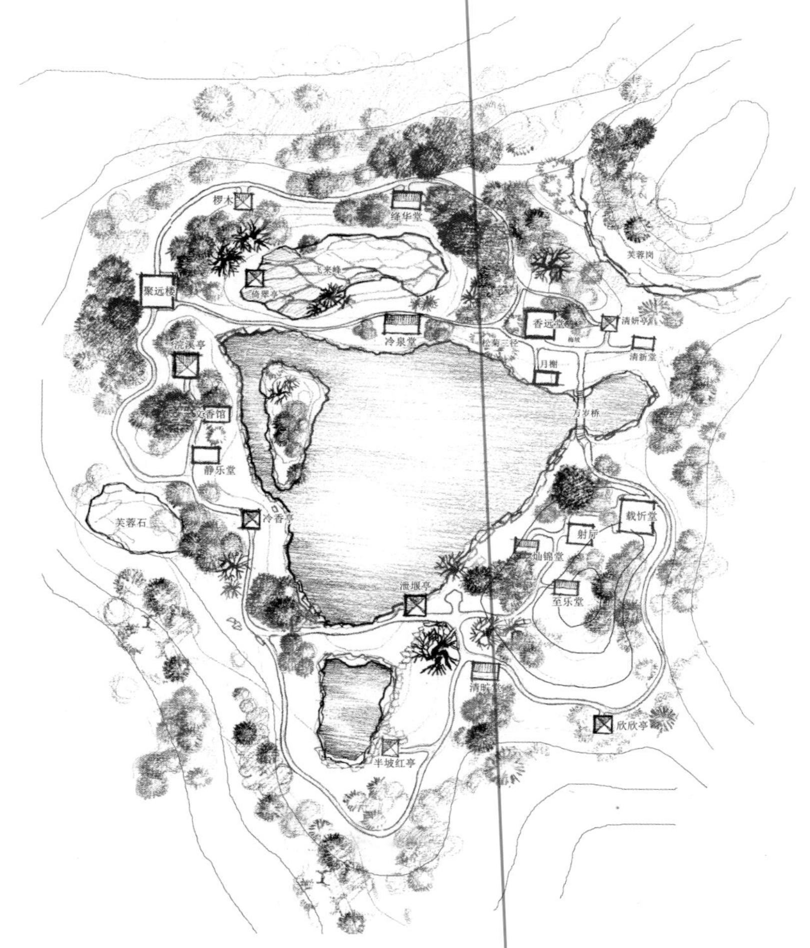

图 5　德寿宫复原想象平面图（由笔者绘制）

在清代出现的周密《乾淳起居注》，经对照，正是《武林旧事》中“乾淳奉亲”的内容。这是由于当时《乾淳起居注》和《武林旧事》是分为两部书进行辑刊所造成的。清人朱彭《南宋古迹考》依据《咸淳临安志》《乾淳起居注》及《梦粱录》等文献对德寿宫内的构筑重新做了梳理，对园中的“堂”“亭”“厅”“桥”“冈”“峰”“石”等内容分别做了考据。笔者在本节中结合宋人笔记文献及诗词文献，对德寿宫的整体意象及园内构造重新梳理并绘制平面图，通过图像补充以建构出完整的园林意象。（图5）

德寿宫在乾道三年（1167）三月之前与普通的皇家花园几乎无异。高宗喜爱西湖山水风光，在随孝宗游幸几次聚景园后他表达了："频频出去，不惟费用，又且劳动多少人。"孝宗便"命修内司日下于北内后苑建造冷泉堂，叠巧石为飞来峰，开展大池，引注湖水，颇费周章地重新凿池、叠山、造景，使景物同西湖风光如出一辙。又在院内西侧建大楼，取苏轼诗句，名之曰'聚远'"。[40]在德寿宫园林建成之后，孝宗又亲笔御书且御制堂记。可以认为，德寿宫的园林成为了帝王园林转型的典范。在此之前的帝王园林所追求的是仙山圣岛、三山五岳，所表达的是长生愿望和天下观念，此时，这些观念都转变为只需要获得可随时观临的自然山水的想法，这是这个转型期的最大特征，也是园林这一概念最近于山水观念的关键时期。

德寿宫内的花园以东、南、西、北四个方位进行划分。清人对德寿宫园林的划分方法给出的解释是"为四时游览之所"。[41]厉鹗在《南宋杂事诗》里也作诗描绘这一空间划分的特征。"望里楼台绕翠烟，天中帖子禁中传。平分四地来游幸，文杏春桃孰后先。"[42]分四地来营造，契合了四季赏不同景致的需求，如"文杏""春桃"就可以因花期不同在园中分置于不同的区域。

《朝野杂记》称宫内"气象华胜"。位于中心的是大池"引西湖水注之。其上叠石为山，象飞来峰。有楼曰聚远。"园内其他景致以此为中心分四个方位布置。

> 东则曰香远，乃梅堂；曰清深，乃竹堂；曰月台、梅坡、松菊三径，有菊、芙蓉、竹；曰清妍，有酴醾；曰清新，有木犀。曰芙蓉岗。
>
> 南则载忻，有大堂，乃御宴处；曰忻欣，有古柏、湖石；曰射厅，临赋有荷花；曰灿锦，有金林擒；曰至乐，在池上；曰半丈

40.［宋］周密撰：《武林旧事》卷七，《周密集》第二册，杭州：浙江古籍出版社，2012年，第164页。

41.［清］朱彭撰：《南宋古迹考》，杭州：浙江人民出版社，1983年，第24页。

42.［清］厉鹗等撰，《南宋杂事诗》卷五，杭州：浙江人民出版社，2016年，第247页。

红，有郁李；曰清旷，有木樨；曰泻碧，乃养金鱼处。

西则冷泉、有古梅，曰文杏馆；曰静乐，有牡丹亭；曰浣溪，有大楼子，海棠。

北则绛花，有罗木亭；曰旱船；曰俯翠，有茅亭；曰春桃，曰盘松。[43]

每个方位都有较为完整的园林构成。如东面，有主要的建筑作为这一景点的中心，或“香远”梅堂，或“清深”竹堂；有园林地形，抬高的月台、梅坡，以及纵深的“松竹三径”以周之；再有作为点景的亭，清妍、清新。据“乾淳奉亲”[44]描述，芙蓉冈面积极广，能成为容纳二百人一起演奏的山体背景。南、西、北同理，南区的中心是御宴处载忻堂；西区的中心是太上皇常用膳处冷泉堂；北区的中心稍不明确，应是以盘松的欣赏为主。郭黛姮认为德寿宫是依据东区赏花、南区文娱活动场所，西区观赏山水风景、北区建各类亭榭进行划分的，[45]似乎略有不妥。

在南宋后期度宗朝，德寿宫空出，逐而废弃。一半改建为祭祀“感生帝”的“宗阳宫”，一半改为民居，原来奢华的后苑花园变成城市道路。[46]

43.［宋］李心传撰，徐规点校：《建炎以来朝野杂记》，北京：中华书局，2000年。

44.［宋］周密撰：《武林旧事》卷七，《周密集》第二册，杭州：浙江古籍出版社，2012年，第172页，称：“北岸芙蓉冈一带，并是教坊工，近二百人。”

45. 郭黛姮主编：《中国古代建筑史第三卷宋、辽、金、西夏建筑》，北京：中国建筑工业出版社，2009年，第575页。

46.［南宋］吴自牧：《梦粱录》卷八，“其时重建，殿庑雄丽，圣真威严，宫囿花木，靡不荣茂，装点景界，又一新耳目，一半改为居民，圃地改路，自清河坊一直筑桥，号为宗阳宫桥，每遇孟享，车驾临幸，行烧香典礼，桥之左右，设帅漕二司，起居亭存焉”。

4. 其他皇家园林

除了这三处较有代表性的皇家园林外，仍有众多值得一提的皇家园林及皇家的宫观园林。南山长桥西有庆乐御园（旧名南园）、净慈寺前屏山御园。北山则有集芳御园、四圣延祥御园（西湖圣地，唯此为最）、下竺寺御园、慈明殿环碧园（旧是清晖御园）。[47]

富景园：在新门外，俗名东花园。

> 《都城纪胜》城东新门外有东御园，今名富景园。《咸淳志》：富景园规制略仿湖山。有云，升仙桥在园前。《七类修稿》：系德寿宫后圃，有池名百花，今园前民家尚存大池。按板儿桥旧名百花蛇散巷，乃百花池上巷也。又考慈云寺旧名慈济，宋时皆园中址。《四朝闻见录》：北宫于东园最近，旬浃间即恭请宪圣临幸，属芙蓉临池秀发，遂白宪圣，请登龙舟，撤去栏幕，卧看尤佳，宪圣欣然从之。《游览志》：东花园。此地多名园，高孝两朝常幸东园阅市，至今有孔雀园、茉莉园。[48]

《咸淳志》称，它的形制特征模仿湖山格局。《四朝闻见录》写道，高宗及皇太后临幸东花园（即小东园）时，连称“相似”，但也因为它太像故都园景而不再前往游赏。东花园之前属于德寿宫的后花园，因为位于德寿宫东面而称东花园。德寿宫在造景时，据称是引西湖水至园内，这个园因而应该就是东花园，因为它离西湖的距离较近，本身的格局也是模仿西湖湖山。《西湖游览志》称，高宗和孝宗常常在东园视察市场，可知此处花园正居城市中心及居民区之间。

屏山园，在钱湖门外南新路口。

47.［宋］孟元老：《东京梦华录》，北京：中国商业出版社，1982 年，第 13 页。
48.［清］朱彭撰：《南宋古迹考》，杭州：浙江人民出版社，1983 年，第 41 页。

《武林旧事》称："南屏御园，正对南屏，又名翠芳。"

《梦粱录》称："内有八面亭，一片湖山俱在目前。"

《咸淳志》称："面南屏，故旧名屏山园，咸淳四年尽徙材植，以相宗阳宫之役，（南宋晚期理宗朝时，德寿宫一半改为宗阳宫）今惟门闳俨然。"

董嗣杲《西湖百咏》称："屏山开庆初内司展建，东至西夷堂，直抵雷锋山下，西至南新路口，水环五花亭外。旧有海查一树，开小红花，在园门外，寻亦枯。白珽云：翠芳有兰槐，御舟名。"[49]

真珠园，与屏山园相连。

《都城纪胜》称："在雷峰塔前。"

《武林旧事》称："有真珠泉、高寒堂、杏堂、水心亭、御港，曾经临幸。"

《乾淳起居注》称："淳熙六年三月，御舟入里湖，出断桥，又至真珠园。太上命买湖中龟鱼放生，并宣唤在湖买卖等人，内侍用小彩旗招引，各有支赐。"内又有梅坡园，张镃《南湖集》有过真珠园梅坡诗。

张镃《自安福过真珠园梅坡》：

舒忧早逾关，延晤尽名侣。
林亭果幽赏，得计良自许。
高鸣迭酬唱，阳春谁激楚。
坐移游好园，振策盼芳渚。
层茅尽旧剪，结冰静谁与。
…………
相看岂时晴，襟期耐寒暑。[50]

49.［清］朱彭撰：《南宋古迹考》，杭州：浙江人民出版社，1983年，第41页。
50. 同上，第42页。

陆游有诗《真珠园雨中作》：

清晨得小雨，凭阁意欣然。
一扫群儿迹，稍稀游女船。
烟波蘸山脚，湿翠到阑边。
坐诵空濛句，予怀玉局仙。

集芳园：

《咸淳志》称："在葛岭，前临湖水，后据山冈。张婉仪园，后归太后。"

《游览志》称："绍兴间收属官家，藻饰益丽。有蟠翠、雪香、翠岩、倚绣、挹露、玉蕊、清胜诸匾，皆高宗御题。淳祐间，理宗赐贾似道，改名后乐。"

宗阳宫：

南宋晚期咸淳年间所建的宗阳宫是由德寿宫后圃改建而成，是为祭祀感生帝的皇家宫观。内有"无极、顺福、毓瑞、申祐、景纬等殿，玉籁、蕊简等楼，大范、观化、观妙等堂，会真、澄妙、常净等斋，丹丘、玄圃等亭，皆揭以奎藻，辟圃凿池，花卉森茂"[51]。到元代初年被毁。

以修仙为目的的道家宫观，在园景题名上也可看出其所追求，如园内有无极、顺福、观妙、会真、丹丘等道家用语用作题名，以表达道家的时间观和事物观。

四圣延祥观：

原为孝宗潜邸，光、宁两宗皆在此出生，淳熙三年（1176）被改为祭奉老氏的宫观。据称，此地在西泠桥外孤山路，湖山胜景独为冠。它的侧面有御圃，曾是北宋文人林和靖的隐居之地，内有六一泉、金沙井、闲泉、仆夫泉、香月亭。香月亭边环植梅花，亭中的照屏书写着林和靖的诗句："疏影

51. ［明］田汝成撰：《西湖游览志》卷十七，杭州：浙江人民出版社，1980年，第198页。

横斜水清浅，暗香浮动月黄昏。”

在山巅有堂名“挹翠”，揽尽西北诸山之风景。堂后山设清新亭。观园中还有香莲亭、射圃、玛瑙坡、陈朝桧等等，几乎占据半个孤山。北宋时已有东坡庵、四照阁、西阁、鉴堂、辟支塔，虽旧址已倒塌但在南宋始终留有其名。

南宋文人周紫芝随皇室帝历后山亭后曾赋诗一首：

附山结真祠，朱门照湖水。
湖流入中池，秀色归净几。
风帘邃旌幢，神卫森剑履。
清芳宿华殿，瑞雾蒙玉扆。
仿佛怀神京，想象轮奂美。
祈年开新宫，祝厘奉天子。
良辰后难会，岁暮得斯喜。
洲乃清樾中，飞楼见千里。
霜车傥可乘，吾事兹已矣。
便当赋远游，未可回屐齿。[52]

由此，我们基本可以得知，宫观园林引水造园、依山傍水，院内高楼杰观，视线千里。高似孙也曾赋诗：

水明一色抱神州，雨压轻尘不敢浮。
山北山南人唤酒，春前春后客凭楼。
射熊观暗花扶辰，下鹄池深柳拂舟。
白首都人能道旧，君王曾奉上皇游。[53]

52. [宋]吴自牧撰：《梦粱录》卷十九，北京：商务印书馆，1967年，第176页。
53. 同上。

说明这一带游人如织，赏花喝酒，寻欢作乐。《武林旧事》称其："花寒水洁，气象幽谷。"

元代，杭州大部分宫观都被毁，唯独四圣延祥观保留下来。元、明两朝，此地由名士所据，作为园林的基地，构筑规制宏伟的园林。明洪武道士王景周居其间，开东阁，筑园林，有苏伯衡为之作记，称此园景甚宏，有亭、屋、楼、榭，朱甍碧瓦，有畦、有台、有石、有泉的天然之趣，在其间"可觞可弈、无适不宜"[54]。

四、园林营造特点

周维权认为："宋代皇家园林比起中国历史上任何一个朝代都缺少皇家气派，而更多接近民间私家园林。"[55]这种情况最频繁的发生时期在南宋。虽然宋朝历代皇帝对文人士大夫阶层的尊崇已远胜于前代，但真正对园林产生重要影响的还是南宋特殊的政治局面及"偏安"的地理位置。皇家园林文人化的过程经历了重重矛盾和冲突，南渡宋室刻意对前代园林形制的仿效与地理文化之于园林潜移默化影响的冲突最为显见。

1. 园林观念的转变

（1）皇礼威信

在南宋政局稳定后，首先开始实施的礼仪活动主要有关农业耕作方面，这符合当时百废待兴的国情。《文献通考》称，绍兴二年（1132），高宗跟辅臣说："朕闻祖宗时，禁中有打麦殿，今朕于后圃令人引水灌畦种稻，欲知稼穑之艰难。""祖宗"时的种种主要指的是宋太祖朝的一系列礼仪制度。高宗让临安府太守测量城南的田，得知有五百七十多亩地，便要求在其

54.［明］田汝成撰：《西湖游览志》卷十七，杭州：浙江人民出版社，1980年，第200页。
55. 周维权：《中国古典园林史》（第三版），北京：清华大学出版社，2008年，第217页。

图 6 ［宋］无款，《耕获图》。中国古代书画鉴定组编：《中国绘画全集 6》，杭州：浙江人民美术出版社，2000 年，图 68。

上建思文殿、观耕台、神仓及表亲耕之田。绍兴十五年（1145），太常王湛又请求高宗按政和时期的礼仪制度来建亲蚕殿、蚕室、茧馆，请皇后就禁中行亲蚕之礼。[56]虽为礼仪活动，但是这些场所里都建造出了园林构造，并在里面进行游赏等休闲活动。（图6）

其次就是复兴"射"礼活动。《周礼》把"礼、乐、射、御、书、数"并称"六艺"，它们都是周代文人教学的主要内容。"射"原为一种体育和军事方面的训练。但之后，射开始融入了"礼"的规定。学习者不仅在思想上要有明确的目标，在行为上也有具体的"礼治"要求。"射礼"又分为：大射、乡射、燕射及宾射四种。[57]大射礼相当于国礼，是选拔人才及控制封

56.［清］厉鹗等：《南宋杂事诗》卷五，杭州：浙江人民出版社，2016 年，第 278 页。
57. 关于射礼的分类同时也存在三种的说法。如清人朱大韶：《实事求是斋经义》，载《续修四库全书经部》，上海：上海古籍出版社，2002 年，第 270 页。他认为：射礼分大射、乡射及燕射。

地的重要活动。皇帝与臣子，臣子与臣子间通过射箭时的站位及先后顺序等因素进行强化等级观念，射礼早期所具有的功能是对君臣关系的确认。[58]

射礼从严肃的大礼制度，到唐代已经作为嘉礼的形式存在，到北宋更是褪去了大礼或军礼的威严性，成为园林游赏性质的活动。由射礼发展而来的宴射，在宋代园林中属于娱乐性质的活动，并产生了相应园林构造："射圃""射厅""射亭""埒"等，与花圃、钓台等共同组成宋代园林意象。宋代皇帝实施宴射于皇家园苑，同时也在近臣家苑及衙署园林内举办该活动。

高宗晚期及至孝宗朝，政局趋于稳定，园林的宴射被认为具有显著的兼具礼仪教化与娱乐健身的活动开始得到重视。李心传《建炎以来朝野杂记》甲集卷二记录了玉津园"宴射"活动的详情：

> 玉津园，绍兴十七年建。明年，北使萧秉温来贺天申节，始燕射于是园。乾道、淳熙间，初复燕射，饮饯亲王，皆以为讲礼之所。后又有德寿宫东园，集芳园，太上皇后下天竺御园。[59]

在甲集卷十三"新进士廷射"中也写道：

> 新进士廷射，旧未有。淳熙初，孝宗尝谕大臣，欲令文士能射御，武臣知诗书。[60]

指明了此项活动在之前并没有广泛实施。这"旧未有"是指南宋高宗时代还未展开而已，在北宋太祖朝中，这是被广泛实施的礼仪性活动，孝宗在此刻的倡导很大程度上也是一种政治和文化活动上的刻意仿效。

南宋初年的节俭观念一直影响着园林营造。迁都之初，朝廷内外蔓延着

58. 杨宽：《射礼新探》，《古史新探》，北京：中华书局，2008年，第301—337页。
59. [宋]李心传撰，徐规点校：《建炎以来朝野杂记》，北京：中华书局，2000年，第78页。
60. 同上，第272页。

一种惟务节俭的精神，丧国之痛在追求节俭、克制的营造中似乎得到一些缓和。顾炎武在《历代宅京记》里根据《宋史·舆服志》关于南宋宫殿建置的描述，他写道："宫室，汴宋之制侈而不可以训。中兴服御惟务简省，宫殿尤朴。"[61]甚至作为皇家门面的宫殿，也不敢多建，只是依据不同时间、承当不同的功能而变换所悬挂的牌匾，如"垂拱、大庆、文德、紫辰、祥曦、集英六殿"[62]仅仅根据定期举办的活动而改变名称，实则为一殿。绍兴四年（1134）定都临安，直至绍兴十七年（1147）才有宫外别苑的建造。据《玉海》称：

> 绍兴四年，将还临安，始命有司建太庙。十二年，作太社、太稷、皇后庙、都亭驿、太学。十三年，筑圜丘、景灵宫、尚禖坛、秘书省。十五年，所内中神御殿。十六年，广太庙，建武学。十七年，作玉津园、太一宫、万寿观。[63]

孝宗对兴造之事尤为慎重，对园林营造和游赏也不甚热衷，这从他提及后苑园林养护的事例中可知。淳熙年间，后苑新建翠寒堂，此堂"以日本国松木为之，不施丹雘，其白如象齿"[64]。他经常与臣僚在翠寒堂商议国事，但是对距离仅数十步远的花园极少涉足，他称此处为高宗所造，为避免破坏，平时以竹沓铺置，在高宗游玩时撤去竹沓。这个花园对他来说，意义仅在于花开之时可请人"折数枝以观"。

（2）文人化

南宋初年的几代皇帝在园林营造中趋于文人化的行为主要来自对前代文人的崇尚，如白居易、苏东坡、林和靖等。最早让杭州声名远播的非白居易

61.［清］顾炎武：《历代宅京记》卷十七，北京：中华书局，1984 年，第 245 页。
62. 同上。
63. 同上，第 247 页。
64.［宋］李心传撰，徐规点校：《建炎以来朝野杂记》，北京：中华书局，2000 年，第 32 页。

莫属，当时，白氏被罢黜贬至偏远的钱塘，对他来说俯仰于杭州山水之间尚属乐事。守杭期间，他不仅展开了一系列的城市改造，还留下众多脍炙人口的诗歌，这对他的后来者苏轼在杭州的活动产生了深刻影响。苏轼不论在为人和作文上都以白居易为楷模。周必大称："本朝苏文忠公不轻许可，独敬爱乐天，屡形诗篇，盖其文章皆至辞达，而忠厚好施，刚直尽言，与人有情，于物无着，大略相似。谪居黄州，始号东坡，其原必起于乐天忠州之作也。"[65]苏轼的号"东坡"也源于白居易的诗文。白氏《钱塘湖石记》记录了他在任期对西湖所做的一系列措施，如"放水溉田"、"修筑湖堤"、选置"公勤兵吏"等，[66]延续了隋代李泌对西湖所做的大规模水利整治措施。

苏轼对杭州的改造从《杭州乞度牒开西湖状》和《申三省其请开湖六条状》[67]两道度牒中可知。前一道列举了五条西湖不可湮没废弃的理由，包括民生取水、灌溉、运河疏治、商业发展、酿酒。[68]后一道提出了六条治理西湖的措施，如"不许人租赁，惟茭葑之地，方许请赁种植"，湖面上种植菱荷只许"标插竹木为四至，不得已脔割为界"，等等。苏轼所做的措施是后来西湖全面园林化的重要基础，他把清理西湖所挖出的葑土堆筑成了后世园林参照的典范——苏堤。但就苏轼本意而言，他对于西湖的治理是考虑到杭州城市的水利民生，而这一系列治理也成为南宋西湖治理的参照。

南宋晚期，对西湖营造和管理渐趋于疏忽时，就有人搬出苏轼的治理功绩作为历史借鉴。咸淳间，守臣潜皋墅申请拆除湖中菱荷，劾奏御史鲍度占水池、改造屋宇。潜皋墅以苏轼之言称"灌注湖水，一以酿酒，以祀天地、飨祖宗，不得蠲洁儿污歆受之福，次以一城黎元之生，俱饮污腻浊水而起疾疫之灾"[69]。朝廷经过多方考量，对侵占之户实施"降官罢职"政策，下令

65.［宋］洪迈撰，孔凡礼点校：《容斋随笔》卷五，北京：中华书局，2005年。
66.［唐］白居易：《白居易全集》卷五九，北京：大众文艺出版社，2010年，第560—561页。
67.［宋］苏轼：《苏轼文集》卷三十，北京：大众文艺出版社，2010年，第812—815页。
68.［宋］苏轼：《杭州乞度牒开西湖状》，《苏轼文集》卷三十，北京：大众文艺出版社，2010年，第812页。
69.［宋］吴自牧撰：《梦粱录》卷十二，北京：商务印书馆，1967年，第99页。

临安府“拆除屋宇，开辟水港，除拆荡岸”。[70]

同时，皇帝对以苏轼为代表的北宋文人的尊崇使文人拥有了很高的地位。《六研斋三笔》称“思陵极爱苏公文词”，思陵所指的就是高宗，他买足苏轼全集，并令人刻于禁中之事。高宗在位时极其崇俭，但在绍兴三十二年（1162）禅让退居德寿宫后开始奢华兴造，他既尊崇苏轼等文人清雅的品位，又免不了落入“帝王奢靡”的窠臼。德寿宫西面建大楼，就是取苏轼“赖有高楼能聚远，一时收拾付闲人”诗句，名之“聚远”。[71]孝宗为其题名恭书，刻在石堂上。翰林苑同时为其书写名帖，切实描述了德寿宫内的场景：

聚远楼前面面风，
冷泉堂下水溶溶。
人间炎热何由到，
真是瑶台第一重。

又曰：

飞来峰下水泉清，
台沼经营不日成。
境趣自超尘世外，
何须方士觅蓬瀛。[72]

70.［宋］吴自牧撰：《梦粱录》卷十二，北京：商务印书馆，1967年，第100页。
71.［宋］周密撰：《武林旧事》卷七，《周密集》第二册，杭州：浙江古籍出版社，2012年，第164—165页。
72. 同上。

孝宗对苏轼的喜爱不亚于其父。《庚溪诗画》称，孝宗喜爱苏轼文章，在乾道时期，梁丞相叔侄与孝宗论文，孝宗称："近有诏夔等注苏轼诗甚详，卿见之否？"梁奏曰："臣未见之。"孝宗又称："朕有之。"[73]命令内侍取来展示给梁丞相看，以第一时间拥有苏轼诗注为豪。

孝宗居行间总爱称道"子瞻或东坡"。他与丞相、枢密使商谈国事于翠寒堂下，堂前有松数十棵，微风来时，他感叹道："松声甚清，远胜丝竹，子瞻以风月为无尽藏，信哉！"[74]取典于苏东坡的《前赤壁赋》，"惟江上之清风，与山间之明月，耳得之而为声，目遇之而成色，是造物者之无尽藏也"。皇家园林营造以此为意境，处处体现出"无尽藏"的意趣。

南宋皇帝不仅对前代文人，对当代有才之人也颇为厚待。高宗时，西湖兴建凉堂，堂中有素壁四堵，大约三丈高。堂成翌日，高宗将来此参观，管事者急召箫照[75]画山水。箫照"即乞上方酒四斗，昏出孤山，每一鼓即饮一斗，尽一斗则一堵已成画，若此者四。画成，萧亦醉"。[76]高宗甚为欣赏，赐以金帛。箫照的画在当时属文人画之典型，即"唯能玩者精神如在名山胜水间，不知其为画尔"。短短几个时辰所作的画必不能细致写实，而欣赏者获之，仍能如在山水间，所指的不正是这种精神契合之情吗？皇家对文人的赏识使得文人化的脱俗清旷得以最广泛地传播。

（3）重佛老

杭州素有东南佛国之称，到了宋代"重佛"之风更甚。赵宋皇帝可以说是以佛教传承其家，北宋历代皇帝除真、徽二宗外多是佛教徒。太宗相信"浮屠氏之教有裨政治"，并自负"朕于次到，微究宗旨"。[77]杭州地区的

73.［清］厉鹗等：《南宋杂事诗》卷五，杭州：浙江人民出版社，2016 年，第 287 页。

74.［宋］李心传撰，徐规点校：《建炎以来朝野杂记》，北京：中华书局，2000 年，第 33 页。

75. 箫照：生卒不详，曾拜李唐为师。

76.［宋］叶绍翁撰，沈锡麟、冯慧民点校：《四朝闻见录》，北京：中华书局，1989 年，第 109—110 页。

77. 余英时：《朱熹的历史世界》，北京：生活·读书·新知三联书店，2011 年，第 67 页。

佛教文化从晋代开始就已兴盛，到五代钱氏时，发展到了顶峰状态。到北宋，文人大批进入佛老信仰领域，影响进一步扩大。到宋代末年寺院建筑完成了最终的世俗化过程。它们并不表现超人性的宗教狂迷，反之，它们是通过世俗建筑与园林化的营造相辅相成，更多地追求人间的赏心悦目、恬适宁静。[78]秦观的《雪斋记》写道：

> 杭，大州也，外带涛江涨海之险，内抱湖山竹林之胜，其俗工巧，羞质朴而尚靡丽。且事佛为最勤，故佛之宫室棋布于境中者殆千有余区。其登览宴游之地，不可胜计。[79]

称杭州人民对佛事极为热衷，散布在杭州境内的佛寺以“千”为记，同时提到了这些寺观是登览宴游的好地方。

两宋同时也是佛教发展的重要转折时期，佛教被完全纳入国家的政权控制下。[80]两宋中央对于佛教政策变化不大，但由于成为行政中心，杭州佛寺修建情况却大不相同，佛寺宫观遍布城内外的山头。佛家对于环境的观念本不同于凡夫俗子，对严峻清苦的自然环境的观照正是修行之本，但由于历代皇家对佛老的重视，临安寺院受到皇室财权的资助，园林建构蔚为可观，包括对佛寺周边环境的整治和对道路的重新铺设等。

《西溪梵隐志》称：“西溪留下溪路皆辇道，石平如砥。”

《浙江通志》称：“历方井、法华、秦亭、几十有八里，为南宋车驾入禹航洞霄宫辇道。”又：“灵隐亦有辇路，一路砌为城者，南宋时为翠华临幸地。”

《径山集》，楼玥《径山于圣万寿禅寺记》称：“显仁皇后、高宗皇帝

78. 周维权：《中国古典园林史》（第三版），北京：清华大学出版社，2008 年，第 21 页。
79.［宋］秦观撰：《淮海集笺注》卷三八，上海：上海古籍出版社，1994 年，第 1230 页。
80. 孙旭：《宋代杭州寺院研究》，博士论文，上海：上海师范大学，2010 年。

皆常游幸，御书‘龙游阁’扁榜。”[81]

为方便皇室的车驾行驶，西溪留下的溪路都是“辇道，石平如砥”。灵隐“亦有辇道”，较之于其他地方和时期的寺庙深藏深山的特征，临安的寺庙有连辇车都可以方便行经的道路。

这些寺观园林虽为皇室服务，但仍是对外开放的，市民游人可以参观游赏，因此成为世俗园林纷纷效仿的对象。在杭州较为著名的寺庙多位于灵竺山系及龙井，如上、中、下天竺寺，灵隐禅寺，龙井延恩寺，等等。其中尤以龙井延恩衍庆寺及下天竺的园林构造最得天然环境之势。它们颇受几朝皇室喜爱，建造时都借景自然山林风光，以原有山形水势造景。

比如龙井延恩衍庆寺在北宋时为报国看院，其名盛于住持辩才与苏东坡的交情。南宋时，寺内仍保留有苏东坡所提匾额及“东坡竹石”等北宋文人所留文物。据《武林旧事》称：寺前有过溪桥，又名“归隐桥”，又名“二老桥”。寺有方圆庵、寂照阁、清献赵公闲堂、讷斋、潮音堂、涤心沼、镜清堂、冲泉、萨埵石、辩才清献东坡三祠堂、辨才塔、诸天阁，山有狮子峰。[82]除了各种堂、阁、斋外，园内还有泉、石、峰等造景元素。

另一处为下天竺灵山教寺，隋代时称“南天竺”，五代时改名“五百罗汉院”，祥符初又改名“灵山寺”，天禧复名“天竺寺”，绍兴改赐“天竺寺思荐福”[83]。《武林旧事》称里面的构造有：

> 曲水亭、前塔、跳珠泉、枕流亭、适安亭、清晖亭、九品观堂石、面灵桃石、莲华水波石、悟侍者塔并祠、草堂、西岭卧龙石、石门涧、神尼舍利塔、日观庵。方丈曰“佛国”。“法堂”二字乃云房钟离权书，甚奇古。金光明三昧堂、神御殿、瑞光塔、普贤

81.［清］厉鹗等：《南宋杂事诗》卷五，杭州：浙江人民出版社，2016 年，第 290 页。

82.［宋］周密撰：《武林旧事》卷五，《周密集》第二册，杭州：浙江古籍出版社，2012 年，第 102 页。

83. 同上，第 124 页。

殿、无量寿阁、回轩亭、七叶堂、客儿亭、大悲泉、重荣桧、葛仙丹井、白少傅烹茶井、石梁、翻经台、望海阁、香林亭、香林洞、无根藤、斗鸡岩、夜讲台、登啸亭、灵山后塔、慈云忏主榻、七宝普贤阁、旃檀观音瑞像。

当时下天竺寺的环境以灵隐、天竺山一带最绝美。有诸山岩洞，洞的形态自然而多样，《武林旧事》将其描绘成“嵌空玲珑，莹滑清润，如虬龙瑞凤，如层华吐萼，如皱谷叠浪，穿幽透深，不可名貌”。据称，此处的植物郁茂，林木从岩石里拔地而起，“不土而生”，而石头上都有水波痕迹。下天竺寺的园林营建于具有独特自然地貌的天竺山和灵隐山，山石、溪流以自然的状态与人为的人文场景共同组成了下天竺寺的园林特征，这是南宋临安少有的文人化寺院园林。除了龙井延恩寺，下天竺寺的香客也是上至皇家贵族，下至士人、市民。寺院名称的更改都由皇家实行，它一度被赐予“吴秦王”，作为其家庙使用。在这个意义上，宗教行为及这寺院的所有权仍归属皇家。园内的构造，有诸如“葛丹仙井”这样具有道教属性的场地，也有如“曲水亭”“白少傅烹茶井”等象征文人活动的场景。下天竺寺园林构筑多样化的原因甚多，不仅仅是因为它留存时间久远，几经易主改造，保留了前主之样式，同时，南宋园林的多样性也为其注入新样式，它成了南宋宗教、政治、文化宽松和互相交融影响的最佳例证之一。

张祜诗对下天竺寺的描绘尤为细致。

西南山最胜、一界是诸天。
上路穿岩竹，分流入寺泉。
蹑云丹井畔，望月石桥边。
洞壑江声远，楼台海气连。
塔明春岭雪，钟散暮松烟。

> 具、匹帛，及花篮、闹竿、市食等，许从内人关扑。次至球场，看小内侍抛彩球、蹴秋千。又至射厅看百戏，依例宣赐。回清妍亭看荼蘼，就登御舟，绕堤闲游……次至静乐堂看牡丹，进酒三盏，太后邀太皇、官家同到刘婉容位奉华堂听摘阮奏曲，罢，婉容进茶讫……遂令各呈伎艺，并进自制阮谱三十曲……[97]

灿锦亭喝茶，后苑看花，球场看内侍表演抛彩球和荡秋千活动，射厅听戏，然后回到清妍亭看荼蘼花，登舟游湖。游湖毕，至静乐堂看牡丹，饮酒，再至奉华堂听曲。一直持续到酉时（下午5点至7点），“三殿并醉”，还内。

这样的活动勾勒出了一种呈串联式的园林构成。虽然似乎由单线组成，但仍能感受到活动中对于不同感官体验满足的需求。从视觉上的“赏花”到听觉上的“赏乐”，再到味觉上的“喝茶、饮酒”，一气呵成。但与园林之间的互动，或说对园林场景的运用，不再如之前的需要登、涉等，而是以园为背景或拉开距离观赏，也可谓以静观取代了活动。但较之现在常见的日本禅庭园林中的“静观”不同，南宋皇家园林基本仍是一种可进入的状态。

改造后的德寿宫则以营造四季不同景致来划分园林区域。春季赏花的区域需要有多彩花卉，为盛暑所营造的环境则要考虑庇荫纳凉。

淳熙十一年（1184）六月初一日，盛夏，这时作为太上皇的高宗传旨孝宗，邀请他去德寿宫避暑纳凉。接旨入园后，父子二人在冷泉堂进早膳，在飞来峰看放水帘，“堂前假山、修竹、古松，不见日色，并无暑气”[98]。苑内三十个小厮儿打息气，唱道情。高宗由此回忆往昔，称宣和年间，徽宗在

97.［宋］周密撰：《武林旧事》卷七，《周密集》第二册，杭州：浙江古籍出版社，2012年，第163—164页。

98.同上，第173页。

图 7 ［南宋］无款，《宫苑图》。中国古代书画鉴定组编：《中国绘画全集 6》，杭州：浙江人民美术出版社，2000 年，图 193。

图 8 ［南宋］无款，《九成避暑图》。中国古代书画鉴定组编：《中国绘画全集 6》，杭州：浙江人民美术出版社，2000 年，图 194。

后苑所建“碧玉壶及风泉馆、万荷庄”[99]等纳凉处，虽为盛暑，穿着棉袄，仍觉寒意重重。（图7、图8）

皇宫内苑中的园林活动也根据不同季节分别进行，负责为宫廷园林活动做准备的修内司会采办各式花品，将其摆设展示。春天会有赏花和欣赏歌舞的活动，会为各式花木兴建堂榭，如在“梅堂赏梅、芳春堂赏杏花、桃源观桃、粲锦堂金林檎，照妆亭海棠，兰亭修禊，至于钟美堂赏大花为极盛”。[100]文中所提及的大花为牡丹，由于牡丹享有“花王”的特殊地位，展示方式也呈多样。钟美堂的大花展示会“为台三层”，各植名品。台后排列数百株玉绣球，如“镂玉屏”为其做背景；堂内又造三层台，并装饰以雕花彩槛，并披上彩色牡丹画衣；三层台中间隔地排置“碾玉水晶金壶”（花

99.［宋］周密撰：《武林旧事》卷七，《周密集》第二册，杭州：浙江古籍出版社，2012 年，第 173 页。

100.［宋］周密撰：《武林旧事》卷二，《周密集》第二册，杭州：浙江古籍出版社，2012 年，第 49 页。

瓶）及大食玻璃官窑等器皿，里面装上奇异难得的花品；在室内的梁栋窗户间，都用“湘筒”插上成千上万的花朵。

暮春会在“稽古堂、会瀛堂赏琼花，静侣堂、紫笑净香亭采兰挑笋”[101]。园内还安排内侍小童做各种效仿西湖边场景的杂耍表演、市场买卖等，周密有诗感叹“春事已在绿阴芳草间矣”。

夏天会在“复古殿”“选德殿”，以及孝宗用日本白罗木建造的“翠寒堂”避暑。这几处地方的共同点是，有竹、多水，竹间可感受“长松修竹，浓翠蔽日，层峦奇岫，静窈萦深”。后苑园内有十亩大池，营造飞瀑场景，池中种植红白荷花万柄。自然花期过后，园丁“以瓦盎别种，分列水底，时易新者，庶几美观”，用人工的方法延长赏花时限。除此之外，园内还架以风轮，在风轮下置茉莉、素馨、建兰、麝香藤、朱瑾、玉桂、红蕉、阇婆、薝葡等南花数百盆，并在御座两边以盆堆冰，当风轮鼓动，“清芬满殿”，完全没有暑气之扰。

秋天在“倚桂阁、秋晖堂、碧岑”赏月，并听曲乐演奏。[102]

冬天在“御明楼”（也称楠木楼）赏雪，欣赏用金盆盛置的以“金铃彩缕”[103]装饰的雪狮、雪花、雪灯、雪山等。（图9、图10）

从春、夏、秋、冬后苑的园林活动描述可知，此时的园林营造多做场景设置且有相当多的观景之处。园林活动与其说是一种活动，倒不如说是在观看，虽是可进入式的，但以赏为主。在对西湖场景和市集活动的仿效上，可见在园林中营造世俗化场景的情况，与前代皇家园林相比有较大变化。虽然在北宋艮岳的营造上也设置有乡村野店，但设置田野、农舍以倡导耕作为目的，与设置市井以增加趣味性的目的仍有较大的不同。

宫外别苑的活动则以“游”为主，西湖边的别苑对西湖营建产生了直接

101.［宋］周密撰：《武林旧事》卷二，《周密集》第二册，杭州：浙江古籍出版社，2012年，第50页。

102. 同上，第59页。

103. 同上，第61页。

图 9　［南宋］无款，《江山殿阁图》。中国古代书画鉴定组编：《中国绘画全集 6》，杭州：浙江人民美术出版社，2000 年，图 195。

图 10　［南宋］无款，《京畿瑞雪图》。中国古代书画鉴定组编：《中国绘画全集 5》，杭州：浙江人民美术出版社，2000 年，图 173。

而深刻的影响，使其能以较为华丽的面貌显于当世，保留到后世。即使到了元初，战争破坏严重，南宋皇室的园林遗存仍作为构成西湖意象的重点，得以保存。《霏雪录》称："元帅夏瑾斋若水居钱塘西湖之昭庆湾，第宅百余间，乃故宋谢太后歇凉亭。如眉寿堂、百花堂、一碧万顷堂、湖山清观等，皆宏丽特甚。又架船亭水中，每元夕，诸堂皆施五色簾，放华灯，上下辉映。"[104]元时，南宋谢太后的故园被完好保留，并加建使用。

宫外的游赏活动以船行为主，"淳熙间，寿皇以天下养，每奉德寿、三殿，游幸湖山，御大龙舟"。不仅有皇室成员，还有一众随行的宰执大臣们，以至于所乘大舫"无虑数百"。皇帝为体现其"乐于民同"的气度，在湖上"凡游观买卖，皆无所禁"。游赏路线通常是：首先对皇家的宫观如"先贤堂、三贤堂、四圣观"等处进行参拜；再是观赏宫姬艺人们在湖上演奏表演，与此同时，湖上市民"吹弹、舞拍、杂剧、杂扮、撮弄、胜花、泥丸、鼓板、投壶、花弹、蹴鞠、分茶、弄水、踏混木、拨盆、杂艺、散耍，

104.［清］厉鹗等：《南宋杂事诗》卷六，杭州：浙江人民出版社，2016 年，第 301 页。

图 11　［南宋］无款，《瑞应图》。中国古代书画鉴定组编：《中国绘画全集 5》，杭州：浙江人民美术出版社，2000 年，图 54。

图 12　［南宋］无款，《飞阁延风图》。中国古代书画鉴定组编：《中国绘画全集 6》，杭州：浙江人民美术出版社，2000 年，图 198。

图 13　［南宋］无款，《层楼春眺图》。中国古代书画鉴定组编：《中国绘画全集 6》，杭州：浙江人民美术出版社，2000 年，图 197。

德寿宫园林以东、南、西、北进行分区营造，每区都以堂为中心，如东区的“香远梅堂”“清深竹堂”；南区的“载忻堂”，为御宴处；西区的“冷泉堂”，为高宗招待孝宗用“早膳”之处。以堂为中心，周围环绕“轩”“榭”“亭”等，作为园中景物串联的节点，以及园内休息交流的场所。

园林中的建筑形制了除了依照《营造法式》中的规定，它们在园中本身的位置、朝向及布局设置都呈现出了主从、点景、连接的特点。《西湖游览志余》记理宗朝时，禁苑举办宴会赏荷之事。时值烈日当空，虽理宗不以为然，但内臣会意，在一日之内建一亭于池傍。再次举办宴会时，皇帝大喜。冬日赏梅时节，园中又多一亭，理宗便不悦，认为此举劳财伤民。内臣禀报，这个梅亭，即是当初的荷亭。这是可以“拆卸折叠之亭”。[110]此传闻说明当时的建筑技术的发达。

（3）水的主景化

将水作为园林主景的做法，最早源于对蓬莱仙山岛屿的想象，皇帝欲求长生之术，将此求仙的诉求作为营造重点。但到南宋，神仙观念在世俗化的山水审美过程中发生了变化，皇家园林中蓬莱仙山仙岛的做法非常少。另一种水景的处理是把水景与其他园林构筑并置，不分主次，如汉宝德所说，京洛园林的园景组合形式为碎景式，各景的展示和游赏并无主次之分。[111]这是北宋以及之前园林营造的常态。到南宋，水景则突出成为园林中的造景主角，皇家园林中的这个特征尤为明显。园内大水面的处理，重于其他形态的水，最明显的特征是对西湖水面意象的接受、转化和使用。

皇宫后苑内“小西湖”的设置，德寿宫内西湖场景的营造，聚景园大片西湖的景观设置及富景园“规制略仿湖山”的手法，[112]表明了多个皇家别苑内的水景的设置，都直接借用西湖水而成主景。

作为点景的水景设置在现有相关文献中也难见一二，如后苑中的“山下一溪萦带，通小西湖”[113]中有溪流的设置，德寿宫内除“泻碧，乃养金鱼处”[114]“临赋（荷池）”“泻碧（金鱼池）”等小水池的设置以外，并无其他类型的水景。

皇家趣味在接纳西湖山水意象时，通过园林营造进行转换和吸收，在园林审美上皇家以主导者的姿态，将西湖意向扩散到其他层级的造园活动中去。

110.［明］田汝成撰：《西湖游览志余》卷二，杭州：浙江人民出版社，1980年，第29页。
111.汉宝德：《物象与心境：中国的园林》，北京：生活·读书·新知三联书店，2014年，第158页。
112.［清］朱彭撰：《南宋古迹考》，杭州：浙江人民出版社，1983年，第41页。
113.［元］陶宗仪撰：《南村辍耕录》，北京：中华书局，1959年，第224页。
114.［南宋］王象之撰：《舆地纪胜》，北京：中华书局，1992年。

图14　［北宋］赵佶，《祥龙石图》。中国古代书画鉴定组编：《中国绘画全集2》，杭州：浙江人民美术出版社，2000年，图106。

（4）石的就地取材

把石运用到极致的是北宋徽宗，他造的艮岳集天下奇石之大观，但也因此，艮岳被视为颠覆王朝的不祥之兆。南宋造园中心虽距湖石产地更近，但园中对山石景的处理却尤为慎重，以避免因联系到前朝的造园无度而被诟病。园林中的山石历来是对自然山石的艺术性摹写，无山石无以成“山水”之思。《园冶》所说：“片山有致，寸石生情。”即表达了人对石的感情投射。彭一刚认为，山石所起的作用颇似近代流行的抽象雕塑。[115]（图14）

南宋皇家造园对山石景的处理首先区别于北宋以艮岳为代表的山石景。山石所象征的对象不再是囊括天下概念的三山五岳，而变成了随时可观临的胜景“飞来峰”。在获取山石的手段上，改变了艮岳“花石纲”之役，而直接运用园址上固有的石头造景。《宗阳宫志》写：“叠石为山作飞来峰，峰

115. 彭一刚：《中国古典园林分析》，北京：中国建筑工业出版社，1986年，第42页。

高丈余，峙冷泉堂侧。”[116]仅“丈余”之高“山”的不可不谓质朴。有学者认为《宗阳宫志》内所写的“丈余”是没有经过详细考证的错误观点，并认为这“丈余”的峰仅是峰中一石，而非全峰。他提出的理由是孝宗的诗句“规模绝似灵隐前，面势恍如天竺后”。如此三米多高的石头何以营造这样的势态，并称，三米多高的山体无法营造出“水帘”效果。[117]本文则与此有不同的观念，在宋代，且不说三米多高的水帘是否能营造出来，各种水景处理的技术早已解决了水循环问题。而关于三米多高的山石是否能代表全峰，这也不是没有可能。在艺术总体上趋于内向化、抽象化的背景下，意境的产生完全不需要用可相比拟的尺度来获得。周维权也写到过石假山，一般最高不过八九米，无论摹拟真山的全貌或截取真山的一角，都能够以小尺度而创造峰、峦、岭、岫、洞、谷、悬岩、峭壁等形象的写照，能够“远观取其势，近看取其质。”[118]

南宋皇家园林中山石景的处理十分谨慎，在德寿宫中有飞来峰营造的叠石案例，还有“芙蓉石”独立摆置以作欣赏之用，因此，此石“以其玲珑苍润，宛似芙蓉，故名，与古梅同为德寿旧物”[119]。另外有一处名“忻欣”之所，“有古柏、湖石”[120]，做了植物与石头并置欣赏的处理。后苑花园中的山体则“山下一溪萦带，通小西湖，亭曰清涟，怪石夹列，献瑰逞秀，三山五湖，洞穴深杳，豁然平朗，翚飞翼拱”[121]。再无其他更多叠石描述的资料。

（5）植物的拟人化

皇室与文人对植物的理解和审美方式是存在差异的，包括以植物为主题所创作的绘画与园林。《春雨集》写过：“杨补之无咎居萧洲有梅，临之以

116.［清］朱彭撰：《南宋古迹考》，杭州：浙江人民出版社，1983 年，第 34 页。
117. 张劲：《两宋开封、临安宫苑研究》，暨南大学博士论文，2004 年。
118. 周维权：《中国古典园林史》（第三版），北京：清华大学出版社，2008 年，第 27 页。
119.［清］朱彭撰：《南宋古迹考》，杭州：浙江人民出版社，第 35 页。
120.［南宋］王象之撰：《舆地纪胜》，北京：中华书局，1992 年。
121.［元］陶宗仪撰：《南村辍耕录》，北京：中华书局，1959 年，第 224 页。

进，徽庙戏曰‘村梅’。南渡后，绍兴中尝画作疏枝冷叶，清意逼人，自署‘奉勅村梅’云。”[122]杨补之的绘画在南宋早期的皇家中并不受到重视，但到南宋中晚期，收藏家们却因为得到他画的梅而自豪。厉鹗写“花传佳种玉珑璁，并蒂鸳鸯亦著红。更有萧寥江路客，宫梅不与野梅同”[123]，描绘出了官家“玉珑璁”的喜庆与野梅的萧疏差别。他进一步引《图绘宝鉴》中理宗的话来表明，观看者对于其中差异的认识：“丁野堂，名未详细。住庐山清虚观，善画梅竹。理宗因召见，问月：‘卿所画者，恐非官梅。’对曰：‘臣所见者，江路野梅耳。’遂号‘野堂’。”[124]理宗一眼便认出画中的梅并非“官”植。

但实际上谁也不曾具体说明其中形态差别在哪里，这只是不同阶层对同一事物欣赏及表现手法不同而已。另一个例子是《四朝闻见录》所载，绍兴二十五（1155）年，高宗在南郊参加祭祀礼时，到达易安斋，这里岩石幽邃，得天成自然之趣，他便赋诗《梅岩》云：“怪石苍岩映翠霞，梅梢疎瘦正横斜。得因祀事来寻胜，试探春风第一花。”并御书于郊坛易安斋，亭曰：“谒款泰坛。”高宗问过寺庙主僧：“此梅唤作甚梅？”主僧对曰：“青蒂梅。”又问曰：“梅边有藤唤作甚藤？”对曰：“万岁藤。”主僧的答复符合了高宗的心意，便获“赐僧阶”。[125]实际上，官梅或“青蒂梅”，在具体形态上的差异，现在人是很难再深究了，但为之命名，并以名称作为评判的标准，可见这一时代的共性，便是对于事物所蕴含意义和价值的重视，他们更多的是一种心境的表达。

当然也有特殊形态的梅，因为稀少，常为皇帝所喜爱，如“苔梅”。当时的太上皇高宗邀请孝宗看古梅，称“苔梅有二种，一种宜兴张公洞者，苔

122.［清］厉鹗等：《南宋杂事诗》卷五，杭州：浙江人民出版社，2016年，第285页。
123. 同上，第286页。
124. 同上，第287页。
125.［宋］叶绍翁撰，沈锡麟，冯慧民点校：《四朝闻见录》，北京：中华书局，1989年，第31页。

藓甚厚，花极香；一种出越上，苔如绿丝，长尺余。今岁二种同时著花，不可不少留一观”。[126]这是包括范成大《梅谱》都提到过的，枝干上能挂上苔藓的一类梅品。

4. 园林手法

（1）取意西湖

园林造景借自然湖光山水并非南宋初创，在此之前北宋徽宗艮岳就已是典型。宋宗室赵彦卫《云麓漫钞》记：“政和五年命工部侍郎孟揆鸠工。内宫梁师成董役筑土山于景龙门之侧以象余杭之凤凰山。”徽宗在其亲笔作写的《御制艮岳记略》写道：

> 于是，按图度地，庀徒僝工，累土积石。设洞庭、湖口、丝谿、仇池之深渊，与泗滨、林虑、灵璧、芙蓉之诸山，取瑰奇特异瑶琨之石，即姑苏、武林、明、越之壤。……青松蔽密，布于前后，号万松岭。[127]

杭州的凤凰山是一条连接天目山脉的峰群，在此设置“凤凰山”只能说仅取其名或取其意象，真实感并不是自然山水之于园林的意义，表达山水意愿才是造园者的真实目的。徽宗纳五湖四海于苑内的心理区别于前代对蓬莱仙山的想象，园林营造的是一种世俗人间可得的景象。

南宋的这种做法较前代更甚，以大内后苑为例，陈随应《南度行宫记》对其内部构造记载称，内苑与皇宫紧邻，是传统意义上的“前殿后寝”的构造。内苑位于后寝部分，作为寝殿之间的过渡，后苑的营造显示出了对西湖

126.［宋］周密撰：《武林旧事》卷七，《周密集》第二册，杭州：浙江古籍出版社，2012年，第167页。

127.《丛书集成》第二九七册，卷三，北京：中华书局，2010年，第81页。

场景的摹写。

前射圃，竟百步，环修廊右转，雅楼十二间。左转数十步，雕阑花甃，万卉中出秋千，对漾春亭、清霁亭，前芙蓉，后木樨。玉质亭，梅绕之。由绎己堂过锦臙廊。百八十楹。直通御前廊外，即后苑。[128]

园林的构筑以“射圃”为序，虽“直通御前廊外，即后苑”，但在射圃和后苑之间有环绕“射圃”的修廊，修廊左侧的“万卉丛”，以及多个亭子，绕过“锦臙廊”才进入后苑，廊和花丛都强调了空间之间的过渡关系。进入后苑，首先是大片梅田，“梅花千树，曰梅冈”。梅冈之后便是“小西湖”，小西湖的营建从名称和形制上都表达了对西湖山水意境的借用，湖中有亭名为“水月境界”和“澄碧”。[129]

围绕“小西湖”的是一片植物，造景采用的是以类分区的方式，并在每个植物区内置亭命名。“牡丹曰伊洛传芳，芍药曰冠芳，山茶曰鹤丹，桂曰天阙，……橘曰洞庭佳味，茅亭曰昭俭，木香曰架雪，竹曰赏静，松亭曰天陵偃。”[130]此景之后有一山，山下有溪通“小西湖”，“怪石夹列，献瑰逞秀，三山五湖，洞穴深杳，豁然平朗，翚飞翼拱”。虽也有“三山五湖”的气度，但更多的是“风帆沙鸟履舄下”情景，体现出皇室文化中文人沧桑渺茫的诗意，而不是豪气吞吐的气概。（图15）

德寿宫中对于西湖山水的摹写更甚于内苑。吴郡王为宪圣太后之侄，特别喜欢穿着山野村夫的服装出行于山间林里。当日，他在三竺、灵隐之地“濯足冷泉磐石之上”时，游人望之如神仙。时为太上皇的高宗皇帝闻此事召见之曰：“朕宫中亦有此景，卿欲见之否？”将其诏引自德寿宫，招

128.［元］陶宗仪撰：《南村辍耕录》卷十八，记宋宫殿，北京：中华书局，1959年，第223—224页。

129. 同上。

130. 同上。

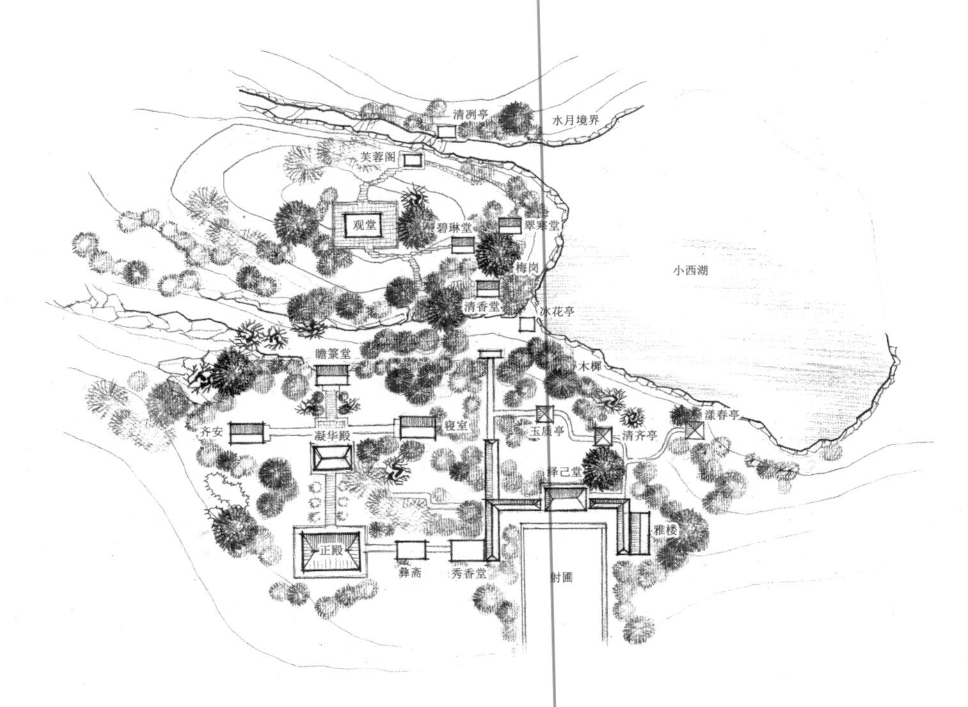

图 15　大内后苑复原想象平面图，由笔者绘制

待他的地方“盖垒石疏泉，像飞来香林之胜。”[131]有一堂在胜景中，叫“冷泉”，堂内挂着一幅画，画中人正是郡王本人着野服在水边洗脚的场景。高宗对吴郡王装扮成农夫模样游赏山林间的做法表现出极大的赏识，不仅作画以记，并称其：“富贵不骄，戚畹称贤。扫除膏粱，放旷林泉。沧浪濯足，风度萧然。国之元舅，人中神仙。”皇帝与贵戚所提倡的山野之趣一度被传为佳话，表现出了皇帝与普通文人一致的山水之思。

德寿宫不仅在景物的设置上摹仿西湖山水，园内还有内侍和幕僚扮演市场关扑活动中的人物来营造西湖市集的氛围。《武林旧事》“乾淳奉亲”中称，乾道三年（1167）三月初十，孝宗到德寿宫请安的场景：

131.［宋］周密撰：《齐东野语》卷十，《周密集》第二册，杭州：浙江古籍出版社，2012年，第 184 页。

> 车驾与皇后太子过宫起居二殿讫，先至灿锦亭进茶，宣召吴郡王、曾两府已下六员侍宴，同至后苑看花。两廊并是小内侍及幕士。效学西湖，铺放珠翠、花朵、玩具、匹帛，及花篮、闹竿、市食等，许从内人关扑。[132]

除此之外，德寿宫内所凿之池，以及池内的舟楫，供应杂艺、买卖的场景也与西湖一致：

> 回清妍亭看荼蘼，就登御舟，绕堤闲游。亦有小舟数十只，供应杂艺、嘌唱、鼓板、蔬果，与湖中一般。

在改造之前的德寿宫池沼原已尺度不凡，可容纳小舟“数十只”，并能使得载有高宗、孝宗、皇后、太子，以及其他数位大臣的舟楫“绕堤闲游”。[133]改造后的池塘，更是大到不可同日而语，“大池十余亩，皆是千叶白莲”。[134]

（2）取景西湖

运用抽象手法让园林景象意境化呈现，使造园摹写任何一处景致都成为可能。皇家园林中对西湖山水的模仿，不会因为它近城而唾手可得便显得低廉，恰恰相反，对西湖的喜爱，使皇家尽占湖山绝佳之地营造别苑。聚景园因西湖而建，范围从清波门至涌金门，景物基本沿湖岸展开营造。西湖苍茫的水面以及朦胧的远山成为园林的山水背景。任希夷（1156—？）在

132.［宋］周密撰：《武林旧事》卷七，《周密集》第二册，杭州：浙江古籍出版社，2012年，第163—164页。

133. 同上，第164页。称在舟中“得旨令曾觌赋诗”，以及“即登舟，知阁张抡进《柳梢青》”，可知，船内有不止二位以上的陪游官员。

134. 同上，第172页。

《聚景园宴集》写道：

> 晚排阊阖披云雾，身蹑仙踪游禁宇。
> 始知天上自清凉，不信人间有炎暑。（湖水的清凉）
> 庭前青松笙竽声，望处红蕖锦绣云。（望处，远景）
> 月卿领客意缱绻，冰盘照坐光缤纷。
> 薰堂尽却蒲葵扇，瑶阶细展桃枝簟。
> 加笾新采波上菱，如珠更剥盘中芡。（波上菱）
> 老罢惭无翰墨功，臭味喜入芝兰丛。
> 二妙不偕阿凤至，四老但许商山同。（西湖上的隐居意象）
> 明当入直须随仗，夕阳未下催归桨。（西湖上的湖船意象）
> 重城街鼓已冬冬，举头桂魄层霄上。[135]

诗文描写了可以直接“望”的西湖景物，如“红蕖”“波上菱”归舟等，也有类似“二妙”[136]“商山四老”[137]等可以仿效的隐逸人士以描绘西湖边的隐居意象。

高翥（1170—1241）的《聚景园口号》从园外观看园内的场景，是为聚景园借景西湖另一个视角：

> 浅碧池塘连路口，淡黄杨柳护檐牙。（宫苑“檐牙”）
> 旧时岁岁春风里，长见君王出看花。（“君王出看花”）
> 竹影参差临断岸，花阴寂历浸清流。（竹影、断岸、花阴、清流）

135.［清］朱彭撰：《南宋古迹考》，杭州：浙江人民出版社，1983 年，第 41 页。

136.“二妙”应是指唐代二妙，其一是宋之问，颇具才华，早年政治得意，晚年隐居家乡“越州”，不仕而享山水之乐，留下有关江南山水脍炙人口的诗文，如《江南曲》《春日山家》《江亭晚望》等。其二是韦维，唐代官员，与宋之问并称“户部二妙”。

137.“商山四老”是指秦朝末年信奉黄老之学的四位隐逸之士，分别是东园公唐秉、夏黄公崔广、角里先生周术和绮里季吴实。

游人谁到阑干角，尽日垂杨盖御舟。[138]（阑干角、垂柳、御舟）

在湖中可以看到聚景园中宫室的檐牙、杨柳、竹影、断岸、花阴、清流等，也可知君王在其中看花、游湖的故事。聚景园此时不仅是一个皇家苑囿，更像西湖中的一个景点。

钱湖门外屏山御园也有借景西湖的营造，《梦粱录》称："内有八面亭，一片湖山俱在目前。"[139]

而德寿宫虽位于万仙桥一带，距离西湖有数十里的路程，但在仿造西湖场景时仍"凿大池，续竹笕数里，引湖水注之"。[140]现在看来如此颇费周章的做法，在当时作为对西湖山水意象的摹写可谓极致。（图16）

（3）改造西湖

官方将西湖作为城市园林进行改造开始于五代钱氏家族，南宋时进一步发展和全面实施。《十国春秋》记钱王治理西湖：

是岁（宝正二年），径山僧景文望南山有佳气，结庐山巅，大理评事俞寿因舍山为寺，发土得金铜佛像三座，名曰宝林园。王建惠因寺于玉岑山北。是时浚柘湖及新泾塘，由小官浦入海，又以钱塘湖葑草蔓合，置撩兵千人芟草浚泉。[141]

对西湖的改造源自其特殊的地理特征，僧人望湖边"南山有佳气"，钱王便于此建寺，并疏浚湖面，后又置"撩兵千人"进一步清淤整理。北宋

138.［清］朱彭撰：《南宋古迹考》，杭州：浙江人民出版社，1983年，第40页。
139. 同上，第41页。
140. 同上，第24页。
141.《十国春秋》卷七十八，《吴越二·武肃王世家下》，转引自《西湖文献集成》第一册，第37页。

图 16 ［南宋］无款，《柳阁风帆图》。中国古代书画鉴定组编：《中国绘画全集 6》，杭州：浙江人民美术出版社，2000 年，图 60。

图 17 ［北宋］陈清波，《湖山春晓图》。中国古代书画鉴定组编:《中国绘画全集 4》,杭州:浙江人民美术出版社，2000 年，图 118。

"钱塘"纳土归宋后，杭州延续前代形制而无进一步发展，且仍是为贬黜的偏远之地。

南宋之前对西湖的治理主要考虑民生水利。隋代李泌疏淤治理，在湖底设置管井，开六井引流给市民提供水源补给以及保证运河水利交通。唐时，白居易知任杭州，西湖开始成为审美观想对象。白氏虽为西湖留下多篇诗文，但那时它仍只是山林野湖。直至北宋苏轼知任杭州，其"乞开西湖"状五条中的三条是与李泌治湖理由一致，一条为造酒之用，一条有关"若湖渐狭，水不应沟，则当劳人远取山泉，岁不下二十万工"的民生和财政问题，还有一条为"放生"祈福之用。另两条分别为泄洪和补给运河水量之用。（图17）

南宋继续前代的水利治理，《梦粱录》详细记载了绍兴（1131—1162）间，汤鹏举增置的开湖军兵，并派官吏管理任责"盖造寨屋舟只，专一撩湖，无致湮塞"，重新修理湖底通向六井的阴窦水口，保证用水供应。乾道（1165—1173）间，周淙启奏重新恢复撩湖士兵，并制定禁约，不得污染和侵占湖面，违规论处。淳祐（1241—1252）间，遇旱，湖水枯涸，赵节斋（与筹）奉命开浚，使得"湖水如旧"。咸淳（1265—1274）间，潜皋墅“乞行除拆湖中菱荷，毋得存留秽塞侵占湖岸之间”[142]，重申苏轼“乞开湖”状之说，并对侵占湖面的豪绅官吏实行了严厉的惩罚。一系列举措使西湖在不断被侵占的情况下，能够不断恢复原样。

南宋对西湖最大的改变则在于实施园林化改造，其中包括：设置西湖管理部门；在营建时考虑西湖总体布局及分区（观、寺、园），进行基础设计维护（桥、路、堤）；沿湖的园林定期开放，等等。

在西湖园林化的处理上，郭黛姮认为当时的西湖实施了三段式的划分：从南边嘉会门的玉津园开始，循包家山、梯云岭，直达南屏山一带，是为南段；由长桥环湖沿城北行，经钱湖门、清波门、丰豫门（涌金门），至钱塘门为中段，孤山耸至湖中，当属此段；自昭庆寺循湖儿戏，经过宝石山、入葛岭，是为北段[143]。她根据西湖山势的地理走向与历史文献同步考据而得此结论。南宋西湖园林的营造确实是依据山势地脉的走向，但从其同城市的关系上看，本文更倾向于按明代田汝成《西湖游览志》的分法，将西湖分为湖南南山一带（皇室贵戚园林区）、湖北西泠桥里湖一带（官贵园林区）、湖北西泠桥外孤山一带（琳宫及寺观等敬奉之地）、湖东丰豫门一带（酒楼、游玩之地）以及湖西灵隐天竺一带（佛老隐士之地）。

湖南皇室苑囿一带密布皇家园林兼有贵宅宦舍，如“如钱塘玉壶、丰豫渔庄、清波聚景、长桥庆乐、大佛、雷峰塔下小湖斋宫、甘园、南山、南屏”，其地梵刹琳宫，台榭亭阁密布于湖上，水之上并列馆亭，花木奇石，影映湖山。

湖北西泠桥一带诸王贵之地，也是“凉堂画阁，高台危榭，花木奇秀，灿然可观”。桥外孤山一带的敬奉之地，有两处皇家宫观，四圣延祥观和西太乙宫，宫观依山而建，并有皇家御圃。此地原为林和靖隐居之地，内有六一泉、金沙井、闲泉、仆夫泉、香月亭。

142.［宋］吴自牧撰：《梦粱录》卷十二，北京：商务印书馆，1967 年，第 99 页。
143. 郭黛姮主编：《中国古代建筑史第三卷宋、辽、金、西夏建筑》，北京：中国建筑工业出版社，2009 年，第 62 页。

湖东是酒楼、游玩之地，最有名的为丰乐楼，为缙绅士人团拜聚会的场所。丰乐楼在南宋之前为“耸翠楼”，据说是西湖之会要之地。楼前千峰连环，一碧万顷；楼下柳汀花坞，历历栏槛。湖上画舫环绕，“棹讴堤唱”，也是游览胜地。淳祐年间，赵与筹重新改建后，丰乐楼更加壮观，花木亭榭映带参错，气象尤奇，是为湖山壮观。

西湖的营造及对它的欣赏方式，在南宋有了场景化的意趣取向，与南宋画家首次提出西湖十景之说同步，围绕西湖分别有了“苏堤春晓、曲院风荷、平湖秋月、断桥残雪、柳浪闻莺、花港观鱼、雷峰夕照、两峰插云、南屏晚钟、三潭印月”之场景。欣赏园景不仅可以从不同事物中获得不同意象的体会，还可以从同一事物中因时间和季节的不同而得到不同乐趣。以四时赏湖为例，“春则花柳争妍，夏则荷榴竞放，秋则桂子飘香，冬则梅花破玉，瑞雪飞瑶”。四时之景不同，而赏心乐事也无穷。（图18）

图 18　［南宋］李嵩，《西湖图》。中国古代书画鉴定组编：《中国绘画全集 4》，杭州：浙江人民美术出版社，2000 年，图 38。

西湖已然成为雅俗共赏的城市公园，皇家专门设立了管理西湖的机构，属工部，《梦粱录》引：“工部，谓之冬宫，掌工役程式及天下屯田、文武官职田、京都衢关苑囿、山泽草木、畋猎渔捕、运漕碾硙之事。”在对西湖园林的维护上，工部也做了大量投入，如在每年元宵收灯后，官署就会派差吏雇佣工人修葺西湖南北二山，以及堤上的馆亭、园圃、桥道，并重新“油饰装画”，栽种花木，“掩湖光景色，以便都人游玩”。[144]

五、小　结

第一，皇家主导了南宋江南园林的营造，他们对园林的理解，从观念上对江南园林的构型产生影响。园林此时不仅是强调天下观、神仙观的载体，而成为可获得的自然山水的再现。自皇家而始的这个变化无疑在那个时代确立了一种标准，或者说是将原本隐性的、不确定的、非主流的山水园林观念主流化了。

第二，将以西湖山水为典型的江南山水进行园林化写照，使西湖成为普遍摹写和想象的对象，逐渐形成一种固化的园林意象，有固定的模式和结构。这并不是某个具体可见的元素或物质，而是一种语言、一个符号。如对西湖十景的题名，当提及“苏堤”时，便会产生对苏堤场景的想象，这想象是跨过粼粼波面、燕飞草长的桥景意象，而不会具体关涉事物的尺寸、大小、材料等。这种意象在园记、诗词、歌赋中被进一步强化、确立。

第三，西湖的“大湖面”形象成为江南园林意象的典型，大水景统领整个园景。这样的水体处理方式在南宋之前并不常见，在此之前，水景通常与其他景观并置组成园景，而非一园之主角。南宋园林中大水面统领的这个特征虽无明确规定，但也成为众多士大夫对园林评价的标准。另外对飞来峰意象的运用，使得轻灵的山石成为园内的造景主体。

第四，由于江南自然山水的形态及局限，相对之前皇家圈地性质的造园，南宋之后园林面积逐渐缩小。同时，园林常以自然的山体、水流为边界，弱化了原来皇家苑囿严格边界的特性。起伏错落的自然山水景象使得借景和引景入园成为重要的营造手段，这种情况不独后来计成所说“山林园”的特征，江南城市内的山水使园林都具有此特征。除了以山、水为边界外，

144.［宋］吴自牧撰：《梦梁录》卷一，北京：商务印书馆，1967 年，第 6 页。

城墙也成为园林可能的边界，极大地不同于明清时期严格地以围墙为界限的特征。

第五，园林场景设置的意境化、平面化。这是第一、第二点内容的延续。诗词与园林意象的结合，可通过固定元素的设置，如山石、水、植物及匾题，使人对园林场景产生山水意象的想象。具体手法上包括园林内“台”的低矮化，园林动态活动方式的弱化等。

明清以后，皇家造园中心又回到北方。但南宋造园与自然山水形态密切结合的特征被传承下来，并延续至北方的皇家造园。在江南，虽然主要的造园人群转移了，但由地理特征和山水类型确定下来的形式却不会因此而轻易改变，业已成形的园林类型也得以长时间的延续，并在不同群体的造园活动中得到发展。

第二章

从皇家到官贵：坐落于西湖的园林

一、造园背景

南宋早期皇家兴造趋于稳定后，官家机构如太学、秘书省，以及诸王贵戚、皇室外戚、各封王、内侍等也旋即展开了园林营造。造园高峰集中在乾道（1165—1173）、淳熙（1174—1189）年间，此时政治上王朝安定，文化上是朱子学的形成期，被后世并称为“乾淳”。隆兴二年（1164），主战派张浚死去，世代交替有了进展，与金的不平等关系稍有改善。官家和贵戚园林是除了皇家园林之外，在选址和营造具有优先权的典型。官家机构作为维持和昭示皇权的地方，能第一时间选取最适宜的地方展开建设。王贵外戚们对土地使用的特权，也让他们能较其他人更早地占有优质土地进行造园。官家和贵戚紧随皇家营造的步伐，延续和发扬了皇家的园林品位，它们从选址、内部构建到意境表达无不以皇家园林为模板。

斯波义信在《宋都杭州的商业中心》里对南宋杭州的宅第分布情况做过分析，他认为：“皇城为了配备护兵，防止水火灾害，以及风景观赏、居住条件等，占有了凤凰山麓的高地。”[1]即原有州治位置。跟随高宗一路南下的富民、宗室及他们的家族、部下一齐占有了靠近皇城的地区。难以安置

1.［日］斯波义信：《宋都杭州的商业中心》，刘俊文主编，索介然译：《日本学者研究中共史论著选译·第五卷·五代宋元》，北京：中华书局，1993年，第318页。

的移民住进了各区的寺院，高宗因此布令："中原士大夫许占寺宇。"[2]西湖边寺庙不少都改建为宅第而成了杭州的一等居住用地。城市居住中心随皇室配置的位置而确立，这样的基地通常经过了严密的考察，位于城市高地、近西湖水源，因此，也更具有十足的安全感和风景效应。如万松岭一带，《宋史》称，淳熙……七年（1180），守臣吴渊言，万松岭两旁古渠，多被权势及有司公吏之家造屋侵占。[3]《夷坚志》也称，临安万松岭上，多中贵人宅。[4]

临安的宅基地到南宋后期甚至溢出原有城墙边界，原围绕西湖的菜圃、园圃等较为荒凉的地带被占用改造，成为一等宅基地。周辉在《清波杂志》里写到，原来城中后洋街"四隅皆空迥，人迹不到"，"宝莲山、吴山、万松岭，林木茂密，何尝有人居"，到南宋却是"屋宇连接"[5]，连城外的情况也是如此。原钱塘旧治以南的茅山，到南宋后期也"夷为民居"[6]。《行都纪事》称："俞家园在今井亭桥之西，向时未为民所占，皆荒地，或种稻，或种麦，故因以园为名。今则如蜂历蚁窝，居为房、廊、屋舍，巷陌极为难认，盖其错杂与棋局相类也。"[7]因此，临安城内园林兴造也就集中在南宋早中期，到了晚期，城内几乎没有可供造园的基址，这也造成南宋中晚期新兴文人士大夫阶层不太有条件在临安城内占有一地兴造园林。

研究宋代历史的学者都非常明确一点，两宋城市士庶雅俗文化之间存在着相互渗透、相互影响的复杂关系。[8]皇室、士大夫、普通文人，甚至市民和

2.［宋］周密撰，吴启明点校：《癸辛杂识》，北京：中华书局，1988 年，第 73 页。
3.［元］脱脱撰：《宋史》卷九十七，河渠七，北京：中华书局，1977 年，第 2400—2401 页。
4.［宋］洪迈撰，何卓点校：《夷坚志》乙志卷十六，北京：中华书局，1981 年，第 319 页。
5.［宋］周煇撰，刘永翔校注：《清波杂志校注》卷三，《钱塘旧景》，北京：中华书局，1994 年，第 117 页。
6.［宋］潜说友纂修：《咸淳临安志》卷二二，《山川志二・山》，北京：中华书局，《宋元方志丛刊》第四册，根据清道光十年（1830）钱塘汪氏振堂刊本影印，1990 年，第 3577 页。
7.［宋］杨和甫：《行都纪事》，扫叶山房五朝小说大观本。转引自徐益棠《南宋杭州之都城的发展》，《中国文化研究会刊》第四卷（上），1944 年，第 241 页。
8. 包伟民：《宋代城市研究》，北京：中华书局，2014 年，第 344 页。

僧人间的趣味都有相交合的点。这种交流呈递进式发生，首先与皇家密切接触的是王贵和官家，他们吸收和延续皇家品位，同时也影响了皇家喜好；继而再与下一层级的文人群体接触，他们在普通文人和皇家之间架设起了沟通的桥梁，双向推及各阶层的文化品位。

如南宋晚期兴起的亭堂取名，仅用其名而不加“亭”“堂”等后缀之事。《二老堂杂志》卷四“亭堂单用二字”条里称：“凡亭堂台榭，牌额单用所立之名而不书‘亭’‘堂’之类，始于湖上僧舍，中官流入禁中，往往效之。今无间贤愚例从之矣。设若一字为名，‘怡亭’‘快阁’之类，又当如何也？”[9]这一流行过程先始于僧舍，传至官家，再由官家进入皇家的审美体系。

但更多的情况是，无论富人或僧侣所做园事都是在追随王公大姓的品位，以士大夫的雅趣为时尚。[10]南宋绍兴八年（1138）张琰德为《洛阳名园记》书所作之序称：“其声名气焰见于功德者，遗芳余烈，足以想象其贤；其次世位尊崇与夫财力雄盛者，亦足以知其人经营之劳。又其次僧坊以清净化度群品，而乃斥余事种植灌溉，夺造化之公，与王公大姓相轧。”[11]可见，僧人也在大兴造园之事，与王公相竞美。另外，王公大姓的宅邸也都以获得皇家的赏识和游幸为豪。这个情境在北宋已存在，据记，在宣政年间，大臣多会得到御笔题写的阁名，如蔡京的“君臣庆会”，王黼的“得贤治定”。时至南宋，这一题名更显多样。绍兴初，高宗将平江朱勔的南园赐予韩世忠，题其赐书阁为“懋功”，赐秦桧阁为“一德格天”，杨和王的阁为“风云庆会”，史会稽王的阁为“明良庆会”。[12]

另外，仿效上代王宫贵族的营造。北宋公卿贵戚效仿汉唐人的习俗，在

9.［宋］周辉撰，刘永翔校注：《清波杂志校注》，北京：中华书局，1994年，第51页。
10.包伟民：《宋代城市研究》，北京：中华书局，2014年，第332页。
11.［宋］张德和撰：《洛阳名园记·序》附李格非，《全宋笔记》第三编第一册，郑州：大象出版社，2008年，第162页。
12.［宋］李心传撰，徐规点校：《建炎以来朝野杂记》，北京：中华书局，2000年，第170页。

洛阳造园，园林风格多继承唐、五代的遗风，如陈亮所写："洛阳古帝都，其人习于汉唐衣冠之遗俗，居家治园池，筑台榭植草木，以为岁时游观之好。"[13]李格非也写道："洛阳处天下之中……方唐贞观开元之间，公卿贵戚，开馆列第于东都者，号千有余邸。"[14]邵伯温写到北宋留存下来的唐时园林有"裴晋公绿野庄，今为文定张公（方平）别墅，白乐天白莲庄，今为少师任公别墅，池台故基犹在"[15]。北宋洛阳文人新造园林大多以前代王公贵族的园林为基。

南宋最直接的趣味流转是发生在皇家与仕宦园林间的收归和赠予，以及他们舍园为寺或舍宅为寺的行为。这些园林受赐于皇家或被收归，园主幸邀皇室游赏等直接促成了园林审美的交流。同时，官家及王贵园林的开放性，在定期对市民开放中受到市民品位的影响。《武林旧事》提到在"清明"及"寒食"等节日，各个园林开放，市民倾城出游的情景：

> 村店山家，分馂游息。至暮则花柳土宜，随车而归。若玉津、富景御园，包家山之桃关，东青门之菜市，东西马塍，尼庵道院，寻芳讨胜，极意纵游，随处各有买卖赶趁等人，野果山花，别有幽趣……[16]

从皇家玉津园、富景园，到东、西马腾等种植园，再到尼庵道院等寺观园林向市民开放供其游赏。清代厉鹗有诗写官贵们游览下竺御园的场景，引《省斋集》写道："丁酉（1177）二月二十日，同诸公游下竺御园，坐枕流亭观放闸，桃花数万随流而下，断至集芳园。是时，海棠满山，郁李满涧，

13.［宋］陈亮，《陈亮集》卷 1，《上孝宗皇帝第一书》，北京：中华书局，1987 年，第 7 页。

14.［宋］李格非：《书洛阳名园记后》，吴楚材、吴调侯编：《古文观止》，呼和浩特：内蒙古人民出版社，2007 年，第 379 页。

15.［宋］邵伯温：《邵氏闻见录》卷十，北京：中华书局，1983 年，第 103 页。

16.［宋］周密撰：《武林旧事》卷三，《周密集》第二册，杭州：浙江古籍出版社，2012 年，第 55 页。

殆不数于人世间。明日入都，而桃花数枝伶俜窗外。未时内直，则海棠、郁李方开。”写到海棠满山、满涧郁李、桃花盛开之时，士大夫们同游下竺寺，坐在枕流亭上看开闸放水的情景。

并赋二绝句：

万点红遂雪浪翻，恍疑身在武陵源。
归来上界多官府，人与残花两不言。[17]

二、造园总述

清代朱彭的《南宋古迹考》里写到贵戚园林有十一个，包括秀王的秀邸园、嗣荣王的胜景园、杨和王的小水乐园、谢太后府花园、谢氏万花小隐园、谢府新园、杨太后梅坡园、慈明殿园、水月园、琼花园等。这些园林不仅仅为一户人家所有，有些几经改造和易主，如胜景园，原为韩侂胄南园，后收编归皇家，改名“庆乐”，再赐嗣荣王，理宗提名“胜景”，并亲笔御书。水月园，原是高宗赐给杨和王的，御书“水月”，后归御前，在孝宗时又赐嗣秀王。[18]还有其他原属皇家的园林，后改建成民居和城市道路，如宗阳宫。因为这种情况时有发生，所以考证这类园林时，可分析其在不同时期因园主更替而产生的园林营造变化。（图1、图2）

南宋早期热衷造园的贵戚有杨和王、韩蕲王等。其中杨和王最善园事，他的园林也远多于其他人。

杨和王（1102—1166），本名沂中，南宋初名将，绍兴二十年（1150）受封恭国公，去世时追封和王，《宋史》有传。

杨和王较为重要的一个园林是水乐洞，原是寺院，院名“西关净化”，即满觉山院。孝宗宋淳熙六年（1179），赐予内侍李隶。慈明殿（皇太后）

17.［清］厉鹗等：《南宋杂事诗》卷五，杭州：浙江人民出版社，2016 年，第 248 页。
18.［清］朱彭撰：《南宋古迹考》，杭州：浙江人民出版社，1983 年，第 46—47 页。

图 1 ［南宋］马麟，《秉烛夜游图》。中国古代书画鉴定组编：《中国绘画全集 4》，杭州：浙江人民美术出版社，2000 年，图 110。

图 2 ［南宋］马麟，《楼台夜月图》。中国古代书画鉴定组编：《中国绘画全集 4》，杭州：浙江人民美术出版社，2000 年，图 111。

赐杨和王，淳祐年间归贾似道。《武林旧事》写到过它在南山路一带，园里山石奇秀，中一洞嵌空有声如乐奏，以此得名。园内有声在堂、界堂、爱此留照、独喜、玉渊、漱石、宜晚、上下四方之宇诸亭及金莲池。[19]

《西湖游览志》称水乐洞在烟霞岭下。[20]园里有五代钱氏时期皇家建造的西关净心院。李隶受赐时“仍建佛宇，岩石盘峙，洞壑虚窈，泉味清甘，声如金石”。《西湖游览志》又称，在熙宁二年（1069），郡守郑獬名之曰水乐洞。熙宁四年（1071），苏子瞻来知任杭州，赋诗云：

君不学白公引泾东注渭，五斗黄泥一钟水。
又不学哥舒横行西海头，归来羯鼓打梁州。
但向空山石壁下，爱此有声无用之。

19.［宋］周密撰：《武林旧事》卷五，《周密集》第二册，杭州：浙江古籍出版社，2012 年，第 96 页。
20.［明］田汝成撰：《西湖游览志》卷三，杭州：浙江人民出版社，1980 年，第 36 页。

清流流泉无弦石，无窍强名水乐人人笑。
惯见山僧已厌听，多情海月空留照。
闻道磬襄东入海，遗声涧谷含宫徵，声奏未成居独喜。
不须写入薰风弦，纵有此声无此耳。

嘉泰（1201—1204）以来，水乐洞就成为杨和王家别圃，里面“累石筑亭，最称幽雅”。[21]

梅坡园：《武林旧事》卷五称杨郡王园，又名“总秀”，在小麦岭。《西湖游览志》称：梅坡园，杨太后宅业，在显庆寺西。董嗣杲诗云“园丁自饱栽花利，月入杨家得几何”是也。[22]

松庵：《武林旧事》卷五称杨郡王府。（小麦岭）

杨园：《武林旧事》卷五称杨和王府。（西湖三堤路）

养鱼庄：《武林旧事》卷五称杨郡王府。（北山路）

环碧园：《武林旧事》卷五称杨郡王府。堂皆御书。（北山路）

杨和王府水阁：《武林旧事》卷五称：（北山路）

杨府廨宇：《武林旧事》卷五称杨郡王府，今舍为寺。（北山路）

聚秀园：《武林旧事》卷五称杨府。（北山路）

云洞园：《武林旧事》记载为杨和王府王所有，在北山路。[23]园林繁盛时，用园丁四十余人，监园使臣二名。

《西湖游览志》对云洞内的场景做了细致描绘，称其：“培土为洞，屈曲通行，图画云气。”[24]在洞旁边有青石为坡，作“丽春台”，春天时会让歌舞伎在其上表演。洞只是园中的一个场景，其他构造物还有“万景、天

21.［明］田汝成撰：《西湖游览志》卷三，杭州：浙江人民出版社，1980年，第37页。
22. 同上，卷四，第44页。
23.［宋］周密撰：《武林旧事》卷五，《周密集》第二册，杭州：浙江古籍出版社，2012年，第113—114页。称：“有万景天全、方壶云洞、潇碧天机、云锦紫翠、闲濯缨、五色云，玉玲珑、金粟洞、天砌台等处。花木皆蟠结香片，极其华洁。”
24.［明］田汝成撰：《西湖游览志》卷八，杭州：浙江人民出版社，1980年，第87页。

全、方壶、潇碧、天机云锦、紫翠间、濯缨、五色云”等亭榭；“玉龙、玲珑、金粟、天砌”[25]等台洞，户牖辉煌，花木蟠郁，穷极丽雅。

水月园：《武林旧事》称其在葛岭路，与《游览志》所述一致。高宗时原赐予杨和王。后孝宗又拨赐给拨赐秀王，园内有“水月瀛、燕堂、玉林堂”，并且御书牌匾。

环碧园（后归杨太后宅园）[26]：《西湖百咏》卷上，“绕舍晴波聚钓仙，五龙祠畔柳洲前。清虚不类侯家屋，轮奂曾资母后钱。三面轩窗秋水观，四时萧鼓夕阳船”。

西园：钱塘门外古柳林。

具美园：葛岭水仙庙西。

张循王（1086—1154）：原名张俊，南宋“中兴四将”之一，追封循王。

真珠园：《武林旧事》卷五称有真珠泉、高寒堂、杏堂、水心亭御港。曾经为皇室园林，后归张循王府。

迎光楼：《武林旧事》卷五称张循王府。（北山路）

赵冀王（北宋赵惟吉），有华津洞。

华津洞：《武林旧事》卷五称赵冀王府园。水石甚奇，有仙人台基。宋刻“仙人棋台”，在方家峪。《西湖游览志》卷六：华津洞，宋时赵冀王府中层叠巧石为之者，曲引流泉灌之，水石奇胜，花竹蕃鲜，有仙人棋台在焉。[27]

刘鄜王（1089—1142），刘光世，南宋抗金名将，南宋“中兴四将”之一，追封鄜王。《宋史》有传。他有隐秀园和秀野园。

隐秀园：《武林旧事》卷五，刘鄜王府。（北山路）

秀野园：《武林旧事》卷五，刘鄜王。有四并堂。（葛岭路）

韩蕲王（1089—1151），韩世忠，南宋“中兴四将”之一，孝宗时追封

25.［明］田汝成撰：《西湖游览志》卷八，杭州：浙江人民出版社，1980年，第87页。

26.《西湖百咏》卷上：“绕舍晴波聚钓仙，五龙祠畔柳洲前。清虚不类侯家屋，轮奂曾资母后钱。三面轩窗秋水观，四时萧鼓夕阳船。”

27.［明］田汝成撰：《西湖游览志》卷六，杭州：浙江人民出版社，1980年，第58页。

循王。《宋史》有传。他有梅冈园。

梅冈园：《西湖游览志》称其为宋韩蕲王别业。广一百三十亩，园内有乐静堂、清风轩，皆高宗御书。水阁、梅坡、芙蓉堆、花竹辉映，皆聚景之所，四时可游。[28]

另一类特权阶层便是内侍，他们所拥有的财富和土地非一般士夫所能匹及，这使得他们有条件模仿皇室的品位，成为皇家趣味的传播者，甚至影响皇室审美趣味。如《梦粱录》称："里湖内诸内侍园囿楼台森然，馆亭花木，艳色夺锦。"[29]

内侍甘升的湖曲园，[30]在南山路一带。皇帝曾来此游赏，园内有"御爱松、望湖亭、小蓬莱、西湖一曲"的园林景致。后归赵观文，又归谢节使，为谢府新园[31]，作为谢太后别墅，在惠照斋宫西。[32]《西湖游览志》称其内有："道院、村庄、水阁，一碧万顷、眉寿等堂，湖山清观、歇凉等亭，备华极邃。"[33]并且架亭在湖上，每到节日时便张灯结彩，悬挂水晶帘，都人士女从往观之。周密作诗写道："小小蓬莱在水中，乾淳旧赏有遗迹。园林几换东风主，留得庭前御爱松。"[34]所指即是此园。

内侍卢允升园，在大麦岭，也就是西湖十景中"花港观鱼"所在之地。[35]《西湖游览志》称其中"景物奇秀，有池，文石甃砌，水洌而深，异

28. [明]田汝成撰：《西湖游览志》卷八，杭州：浙江人民出版社，1980年，第87页。
29. [宋]吴自牧撰：《梦粱录》卷十九，北京：商务印书馆，1967年，第176页。
30. [宋]周密撰：《武林旧事》卷五，《周密集》第二册，杭州：浙江古籍出版社，2012年，第93页。称：内侍甘升园，又名"湖曲"。
31. [宋]吴自牧撰：《梦粱录》卷十九，北京：商务印书馆，1967年，第175页。称：（雷峰）塔后谢府新园，即旧甘内侍湖曲园。
32. [明]田汝成撰：《西湖游览志》卷八，杭州：浙江人民出版社，1980年，第85页。
33. 同上。
34. [宋]周密撰：《武林旧事》卷五，《周密集》第二册，杭州：浙江古籍出版社，2012年，第93页。
35. 同上，第103页。

鱼种集”[36]。

内侍陈源的适安园，在西湖三堤路一带。后改为永宁崇福院。[37]孝宗时拨赐张贵妃，名“小隐园”，寺前有涧曰“双峰”，又曰“金沙”。

刘氏园为内侍刘公正所居，[38]在北山路一带。

内侍蒋苑使的园在其住宅一侧，在望仙桥下牛羊司侧。《梦粱录》称：“亭台花木，最为富盛。”园内效仿禁内的园林设置，有“买卖关扑、龙船、闹竿、花篮、花工，用七宝珠翠，奇巧装结，花朵冠梳”。[39]每年春天，开放给都人游玩，都是当时时新样式。[40]《武林旧事》论及“蒋苑使”的“小圃”，因其内场景效仿“禁苑具体而微者也”，[41]在都城名扬一时，都人士女都争相往来。

南宋晚期，造园以及游园活动趋于停滞，高似孙诗：“翠华不向苑中来，可是年年惜露台。水际春风寒漠漠，宫梅却作野梅开。”[42]反映出南宋晚期园林萧条的场景，仅有权臣贾似道仍在挥霍，进行园林营造。据记，半个西湖都成贾家园林，集中在葛岭及孤山路一带。葛岭有养乐园[43]、后乐园

---

36. ［明］田汝成撰：《西湖游览志》卷四，杭州：浙江人民出版社，1980年，第45页。
37. ［宋］周密撰：《武林旧事》卷五，《周密集》第二册，杭州：浙江古籍出版社，2012年，第105页。称：又名小隐寺。原系内侍陈源适安园。近世所歌菊花新曲破之事，正系此处。献重华宫为小隐园，孝宗拨赐张贵妃。
38. 同上，第107页。
39. ［宋］吴自牧撰：《梦粱录》卷十九，北京：商务印书馆，1967年，第175页。
40. 同上，称：内侍蒋苑使住宅侧筑一圃，亭台花木，最为富盛，每岁春月，放人游玩，堂宇内顿放买卖关扑，并体内庭规式，如龙船、闹竿、花篮、花工，用七宝珠翠，奇巧装结，花朵冠梳，并皆时样。官窑碗碟，列古玩具，铺列堂右，仿如关扑，歌叫之声，清婉可听，汤茶巧细，车儿排设进呈之器，桃村杏馆酒肆，装成乡落之景。数亩之地，观者如市。
41. ［宋］周密撰：《武林旧事》卷三，《周密集》第二册，杭州：浙江古籍出版社，2012年，第54页。
42. ［宋］潜说友纂修：《咸淳临安志》，《宋元方志丛刊》第四册，根据清道光十年（1830），钱塘汪氏振绮堂刊本影印，北京：中华书局，1989年，第3490—3491页。
43. ［宋］周密撰：《武林旧事》卷五，《周密集》第二册，杭州：浙江古籍出版社，2012年，第116页。称：养乐园，贾平章园。有光禄阁、春雨观、潇然养乐堂、嘉生堂、生意生物之府。

（原集芳御园）、香月邻[44]（原属廖莹中园[45]）、水竹院落[46]，烟霞岭下有水乐洞（原属杨和王）。

这些园林尽占湖山之胜处，借景西湖。水竹院落，“左挟孤山，右带苏堤，波光万顷，与阑槛相值，骋快绝伦”[47]。后乐园，以西湖意象在园内建“西湖一曲奇勋”“无边风月见天地心”“琳琅步归舟”等。贾似道的残暴霸道使西湖成了市民的禁足之地，“往来游玩舟只，不敢仰望，祸福立见矣”。

王贵间的园林转让主要是通过买卖和利益互换。如香月邻园，原属贾似道幕僚廖莹中的，被贾所占，水乐洞则是贾似道以高价买得。[48]

水乐洞历史颇为久远，由于年久芜秽，水声不响。贾似道命人“疏壅导潴，节奏自然”，而“二百年胜概，于是始复”。在园林原有构造上重新进行了一系列改造。

> 乃葺亭，以所得子瞻真迹刻于其上。又取其诗语名其亭若堂，曰“声在”、曰“爱此”，曰“留照”、曰“独喜”。他如“介堂”“玉渊”“漱石”“宜晚”，皆纪其胜处。又即山之左麓，辟荦确为径而上，亭其三山之巅。杭越诸峰，江湖海门，尽在眉睫，匾曰“上下四方之宇”，奇观也。洞中泉由“爱此”引贯其下，入“漱石”，汇于“声在”，达于“玉渊”。山之洼为池以受之，每一撤捷伏流，飞注喷薄如崖瀑。然景物之胜，视昔有加，而净化院则仍其旧云。[49]

44.［宋］周密撰：《武林旧事》卷五，《周密集》第二册，杭州：浙江古籍出版社，2012年，第116页。称：廖莹中园，后归贾相。

45. 廖莹中：南宋藏书家、刻书家，为贾似道幕僚。

46.［宋］周密撰：《武林旧事》卷五，《周密集》第二册，杭州：浙江古籍出版社，2012年，第117页。称：水竹院落，贾平章园。御书阁曰“文明之阁”。有秋水观、第一春、思刻亭、道院。宋刻“文明”作“奎文”。

47.［明］田汝成撰：《西湖游览志》卷八，杭州：浙江人民出版社，1980年，第99页。

48. 同上，卷三，第37页。

49.［明］田汝成撰：《西湖游览志》卷三，杭州：浙江人民出版社，1980年，同上。

贾似道为了标榜自己的文化追求，命人将苏轼的真迹刻于亭上，并以苏轼的诗为园内亭命名，如“声在”“爱此”“留照”“独喜”。明人田汝成不无讽刺地写下“命其亭若堂”，因为宋人对园林建筑的投射意义，通常以堂言志、以亭抒情，而贾似道夸张言志的表达显得滑稽可笑。水乐洞山左侧，开辟“荦确”上山。“荦确”为山中小道之意，该词也源于东坡诗“莫嫌荦确坡头路，自爱铿然夜杖声”。

贾似道另一处园林后乐园则来自皇家的赏赐。园内有高宗御题的“蟠翠雪香、翠岩倚秀、挹露玉蕊清胜”，理宗御书“西湖一曲奇勋”，度宗御书“秋壑遂初容堂”。[50]

王贵、官家园林较皇家园林更具开放性，在其频繁开放的过程中，也促成另一波与都人市民之间的审美融合。皇家园林虽定期对市民开放，但文人对皇家品位的理解更直接地来自他们能频繁进入官家园林及参与官家园林的营造。早在秦始皇统一天下，建立封建专制主义中央集权制度，过去的分封制改为郡县制，皇权是封建专制国家的权力中心，园林的发展亦与此相适应，开始出现真正意义上的“皇家园林”。[51]商、周是园林生成期的初始阶段，天子、诸侯、卿士大夫等大小贵族奴隶主所拥有的“贵族园林”相当于皇家园林的前身，但尚不是真正意义上的皇家园林。但在南宋，诸王贵戚园林跟皇家园林之间，则又呈现出一种界限松弛的状态，有着互相交融、互相影响的关系。

---

50. [宋] 周密撰：《武林旧事》卷五，《周密集》第二册，杭州：浙江古籍出版社，2012年，第116页。称：集芳御园，后赐贾平章。内有假山石洞，通出湖滨，名曰“后乐园”。有蟠翠雪香、翠岩倚秀、挹露玉蕊清胜，已上皆高宗御题，亦集芳旧物也。“西湖一曲奇勋”，理宗御书。“秋壑遂初容堂”，度宗御书。又有初阳精舍、警室、熙然台、无边风月见天地心、琳琅步归舟等不一。“倚秀”宋刻“倚绣”。

51. 周维权：《中国古典园林史·第三版》，北京：清华大学出版社，2008年，第63页。

三、典型园林

1. 官署园林：秘阁园林

南宋的三馆秘书省作为专门管理国家藏书的机构，是宋室南渡后在皇家宫苑园林营造基本完成时，第一批兴建的官家机构。作为保存仪典文献的主要机构，馆阁园林的营造受到皇家的关注和重视，同时，以掌管机构的文人为主导进行的园林营造，具有较高的文化内涵和审美意义。融糅了皇室审美倾向、文人典型品味以及公共趣味的馆阁园林，彰显了南宋园林中心扎根江南后，形成江南园林型构的转折性特征。

三馆秘书省在绍兴二年（1132）以民居为基地改建，“始寓于宋氏宅，再徙于油车巷，东法惠寺”[52]。后几度迁址。绍兴十三年（1143）“诏两浙转运司”建秘书省，新馆阁建筑开始营造，“十四年六月二十二日迁新省”。[53]南宋馆阁秘书少监陈骙监理扩建。在崇尚节俭的时期，馆阁园林较之于其他新建的官家设施仅一句“后圃颇华丽”[54]足以表明其所受到的重视及营造之用心。

陈骙著有《中兴馆阁录》（图3）一本十卷，对馆阁的构筑，包括亭台楼榭、叠石理水、植物都有描述，详致到植物的丛、株棵数等细节。后又有《馆阁续录》十卷，不著撰者，补述了绍熙（1190—1194年）之后馆阁园林的改建修补情况。

《建炎以来朝野杂记》记录馆阁的位置在“在天井巷之东”[55]。《南宋馆阁录》记：“在清河坊糯米仓巷，西怀庆坊，北通浙坊东。”[56]《咸淳临

52. ［宋］陈骙撰：《南宋馆阁录》卷二，《武林掌故丛编》，第十集，第 1 页 a。
53. 同上，第 1 页 b。
54. ［宋］李心传撰，徐规点校：《建炎以来朝野杂记》，北京：中华书局，2000 年，第 78 页。
55. 同上。
56. ［宋］陈骙撰：《南宋馆阁录》卷二，《武林掌故丛编》第十集，第 1 页 b。

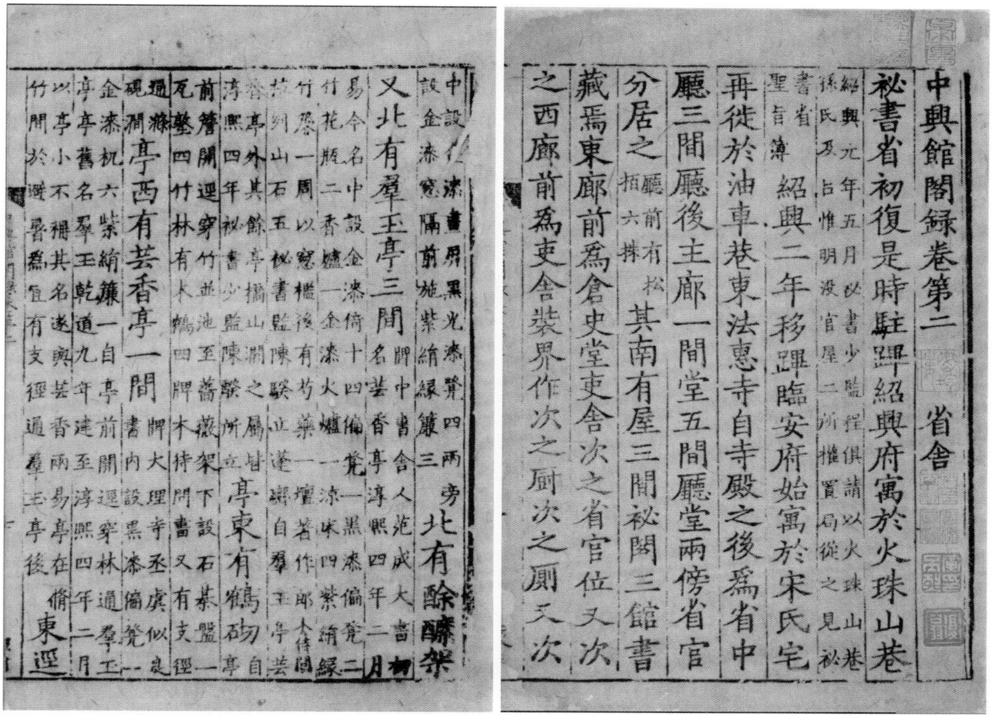

中興館閣録卷第二

省舍

秘書省初復是時駐蹕紹興府寓於火珠山巷（紹興元年五月祕書少監程俱請以火珠山巷孫氏及占惟明没官屋二所權置局從之見祕書省聖旨簿）紹興二年移蹕臨安府始寓於宋氏宅再徙於油車巷東法惠寺自寺殿之後爲省中廳三間廳後主廊一間堂五間廳堂兩傍省官分居之（廳前有松柏六株）其南有屋三間祕閣三館書藏焉東廊前爲倉史堂吏舍次之省官位又次之西廊前爲吏舍裝界作次之厨次之厕又次

图 3　宋刻本《中心馆阁录》残本，现藏于台北图书馆。

安志》记："在天井坊之左。东都建于禁中。绍兴初，权寓法惠寺。"[57]

有关馆阁的占地面积，《馆阁录》中记载："东西三十八步，南北二百步。"宋代一步为五尺，一尺合今约 31.6 厘米。因此秘书省东西约合今 60 米，南北约合今315米。

周密对该园也有过详细描述，他的朋友秘书监黄惿汝邀请他鉴赏绘画，"于是具衣冠望拜右文殿"[58]。他们的行经路线从"又文殿"开始，"游"至"道山堂"，再至"群玉堂"，堂左"汗青轩"，又有小亭五座，射亭二

57.［宋］潜说友纂修：《咸淳临安志》，《宋元方志丛刊》第四册，根据清道光十年，钱塘汪氏振绮堂刊本影印，北京：中华书局，1989 年，第 3416 页。

58.［宋］周密撰：《齐东野语》卷十四，《周密集》第一册，杭州：浙江古籍出版社，2012 年，第 234 页。

座，继而登浑仪台，最后步“石渠”，登“秘阁”观画。在这个行进的过程中，周密的描述如同将游园当成是观画前的一个仪式性行为，把观画与游园结合起来。

> 最后步石渠，登秘阁，两旁皆列龛藏先朝会要及御书画，别有朱漆巨匣五十余，皆古今法书名画也。是日仅阅秋收冬余四匣。画皆以鸾鹊绫象轴为饰，有御题者，则加以金花绫。[59]

《馆阁续录》补充的内容包括：绍熙四年（1193）十月，省舍内添置了西廊；庆元四年（1198）七月，秘书省园内添筑浑仪台一座，“遂以东冈改筑高二丈一尺”[60]，并因此而将背后东冈筑高二丈一尺；嘉泰二年（1202），把原来的“群玉亭”增加规模，改建成“群玉堂”；修补“芸香亭”，延续原来的名称；把原有“锦隐亭”更名为“蓬莱”；改原建著作庭后“汗青轩”，易名“天教”；嘉定三年（1210），重修“汗青轩”，沿袭旧名。这些工作由秘书省内士大夫负责。

嘉定六年（1213）夏，又一次对三馆做了整体维修。费时两年多，费钱九万余贯，内外一新。园林中的整修部分有：

> 跨池石桥二（时三馆毕工，因葺旧圃，圃左右二大池，原驾木桥，今易以石焉）。射圃（旧在著庭后右偏一带，嘉定八年因徙于园外，内外墙之间地狭而长，建亭立垛于射为宜）。道山堂前石渠桥［原驾木桥，宝庆元年（1225）秘书监叶禾易以石焉］。[61]

59.［宋］周密撰：《齐东野语》卷十四，《周密集》第一册，杭州：浙江古籍出版社，2012年，第234页。

60.［宋］佚名：《南宋馆阁续录》卷二，《武林掌故丛编》第十集，第1—2页。

61. 同上。

并无大动，只把原有跨池的木桥改为石桥；射圃的位置，由著作庭后方移到原有园墙外，形成狭长及利于活动的地块；道山堂前原来跨石渠的木桥改为石桥。

绍定四年（1231）秋，由于附近民居失火，蔓延三馆，“仅存著作庭及后园”。三馆又做了一次更大的整修，但并无更多记录，仅记“基址增高二尺，与官路平，是年十月毕工，共外鼎新，规模一如旧式”[62]。

关于园林的布置情况，《南宋馆阁录》写道：

> 次著作之庭三间七架（中设翡翠木锦屏风，青鲛绡缬缘帘一，金漆书橱一，藏著庭书目，画绢山水屏风一，金漆椅十，画屏风十，周回壁挂诸司题名，紫绢缘帘五，庭前瓦凉棚三间，凉棚前木樨三株，旧有桃三株，梅一株，腊梅二丛，内梅一株，著作佐郎梁克家植，余皆著作郎杨恂植，盆池六，秘书监陈骙设）。西三间著作佐郎分居之（中虚一间，傍分两位，铺设什物，如著作郎位）。庭后一间为汗青轩（牌校书郎石起宗书，中设椅八，屏风八，紫绢缘帘二，周回设窗，隔轩两傍有栏，楯栏上设水仙女二，鹤二，圆规牌一，校雠官许职事暇时，入会茶史官许非时带文字入编撰长二遇佳节依故事，置公酒三行聚会）。蓬峦在汗青轩后，（牌著作郎木待问书，有过廊四间，中设金漆画屏，黑光漆凳四，两傍设金漆窗隔，前施紫绢缘帘三）。北有酴醾架，又北有群玉亭三间。（牌中书舍人范成大书。初名芸香亭。淳熙四年二月，易今名。中设金漆椅十四，偏凳一，黑漆偏凳二，竹花瓶二，香炉一，金漆火炉一，凉床四，紫绢缘竹帘一，周以窗槛后有芍药一壇，著作郎木待问植列山石五。秘书监陈骙立蓬峦。自群玉亭、芸香亭外。其余亭桥山涧之属，皆淳熙四年秘书监陈骙所立）。亭东有鹤砌（自亭前

62.［宋］佚名：《南宋馆阁续录》卷二，《武林掌故丛编》第十集，第1—2页。

檐，开径穿竹并池，至蔷薇架下，设石棋盘一，瓦墩四，竹林有木鹤四，牌木待问书，又有支径通涤砚涧）。亭西有芸香亭一间（牌大理寺丞虞似良书，内设黑漆偏凳一，金漆几六，紫绢缘帘一，自亭前开径穿竹通群玉亭，此亭旧名群玉，乾道九年建，淳熙四年二月，以亭小，不称其名，遂与芸香亭两易。亭在修竹间，于避暑为宜，有支径通群玉亭后）。东径至群玉亭，西径至松坡（皆夹以竹落）。穿鞠径（牌木待问书，有菊两坛，环以竹篱，中为路）。径前临池跨池有桥亭（榜曰迎曦，木待问书，池及桥周回有栏楯，中设金漆画屏，两傍有槛，并金漆窗隔）。度桥有席珍亭三间（设椅棹十四副，屏风十四，筇杖三，周以窗槛，后木樨三株，并竹）。亭东北有橘洲（洲上植橘十二株，周引水环之，绕以竹篱）。又东北有东岗（环山植杉五十本，上列怪石山茶，为蹬道升降）。冈北有药洞（两傍设槛，有木虎一）。入有采良门（两傍有槛植花，门内有木樨二株，木猿猴一）。门内有茹芝馆（中设画屏，花藤墩十四，紫绢缘帘五，药篮四，青定花瓶二，香炉一。檐前有木飞鹤一，周回设窗隔，馆外环以短墙，采良、茹芝皆木待问书）。洞北有过廊（两傍有槛）。又北有涤砚涧（牌木待问书，涧傍菖蒲丛蓼）。跨涧有木桥，又北缭群玉亭后，又西北有泉曰濯缨（淳熙四年，治园凿池得泉，跨泉有桥，上有竹亭，泉东有竹屋一间，周回设斑竹帘，中设黑漆棹一，竹花瓶一，香炉一，石墩十二，屋北有井，灌水于屋脊，巡檐而下，如雨溜焉，牌木待问书）。泉西有亭三间曰锦隐（中设画屏，两傍槛，有支径通菊坡，缭含章亭之右）。西径有射圃（两傍有栏楯）。入有延门（门旁设牌，题曰矍相。凡射仪司执弓矢出延射者）。入门有亭曰绎志（中设画屏，射器，牌二，黑漆交椅十四，弓二，矢二十四，亭南北有栏楯，植冬青十株，遇射设，获旌二，旌有牌曰射，获者执旌，大夫士建物则旌以物节。鼓一，有牌曰射，与鼓相应，大夫士以下五节，射帖二，饮位牌一，设古铜尊勺爵盘各一，竹篚一，紫绢缘帘一，自亭自射垛凡四十二步，垛侧柳树悬飞，木鹤一，射圃、延门、绎志皆木待问手书）。又西有亭一间，曰方壶（牌范端臣书，中设金漆画屏，两傍有槛，度桥过含章亭）。北有松坡（环坡植松十二本，曲折有趣，过坡有支径，通芸香亭）。又西临池有木桥一（池及桥，周回有栏楯）。度桥有亭三间曰含章（牌范端臣书，中设椅棹十四副，屏风十四，竹杖三，周回以窗槛四，傍有竹，后有木樨三株）。亭西北有兰畦（绕以竹篱）。又北有阪（环山植杉五十本，上列怪石山茶，山后即濯缨泉。自席珍亭木樨，至山茶皆秘书监陈骙植）。园内有竹二亩，杂树一百五十六（内柳二十，梅二十二，杏五，桃二十六，林檎二，海棠十一，栀子十，芭蕉二，锦带二，紫薇二，八仙一，香球一，迎春一，散水二十，李五，芙蓉二十四，石榴二，并有蜀葵萱草百余本，内紫薇，著作郎杨恂植。梅四株，栀子十株，少监陈骙植，余皆旧有）。[63]

据此，我们可以描绘出馆阁园林的大致样式（图4、图5）。

根据《南宋馆阁录》中文字描述，园内有的构筑包括了以下几类。

建筑：汗青轩、群玉亭、芸香亭、席珍亭、采良门、茹芝馆、竹屋、锦隐（亭）、延门、绎志（亭）、方壶（亭）、含章（亭）。

地形：蓬峦、松坡、橘洲、东岗、兰畦、陂、阪。

水：涤砚涧、濯缨泉、池。

其他构筑：酴醾架、鹤砌、蔷薇架、桥亭、药洞、射圃、石棋盘、瓦墩、木鹤、盆池。

植物有：木樨、桃、梅、腊梅、内梅、水仙、酴醾、竹、橘、山茶、菖蒲、冬青、柳树、松、兰、杉、林檎、海棠、栀子、芭蕉、锦带、紫薇、八

63.［宋］陈骙撰：《南宋馆阁录》卷二，《武林掌故丛编》第十集，第5—7页。

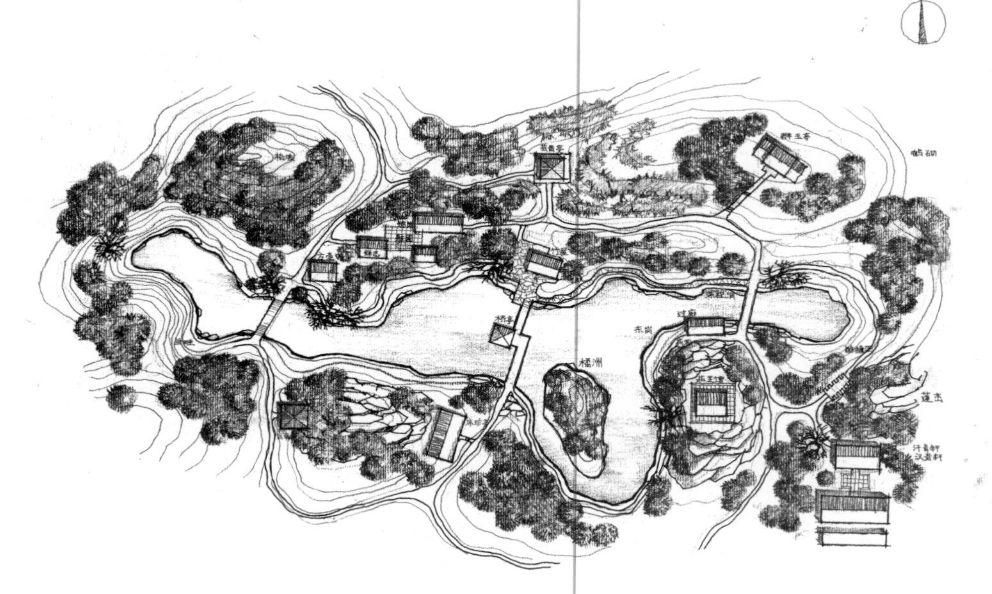

图 4　馆阁园林复原想象平面图（由笔者绘制）

图 5　馆阁园林想象透视图（由笔者绘制）

仙、香球、迎春、散水、李、芙蓉、石榴、蜀葵、萱草。

造景手法依次为：开径、穿竹、并池，穿鞠径、环以竹篱，临池、跨池，引水环之、绕以竹篱，环山植杉，上列怪石、植列山石，环以短墙，蹬道升降，凿池得泉，跨泉有桥、上有竹亭，灌水于屋脊、巡檐而下，环坡植松、曲折有趣，上列怪石山茶。

详细的文本描述是建立园林意象的前提，此时馆阁园林的构成不仅继承了前代园林规制，更是体现了以西湖为地景特征的场所精神，反映了当时园林的典型。

园中的诸多地形名称在同时代的相关文献中都有提及，如地形中的“蓬峦、松坡”，宋人韩拙《山水纯全集》“论山”条中称“圆者曰峦”“平原曰坡”，表明了地形圆及平的状态。“东岗”，《说文》中记：“冈，山脊也。”《楚辞·守志》称：“俗亦误作岗；览高冈兮峣峣。注：‘山岭曰冈。’”《释名》称：“山脊曰冈。冈，亢也，在上之言也。”“兰畦”，《说文》中称：“畦，田五十亩曰畦。”《孟子》：“病于夏畦。”刘注：“今俗以二十五亩为小畦，五十亩为大畦。”再如文中同时出现的“陂、阪”等词，《说文》称：“陂，阪也。”陆游《思故山》中写道：“陂南陂北鸦阵黑，舍西舍东枫叶赤。”通过各类地形的描述着实可以认为，地形是园林丰富形态的表征。

另一类地形名称则表达了其意蕴隐喻，更甚于地形本身。如“橘洲”，在北魏郦道元《水经注·湘水》称：“湘水，又北迳，南津城西，西对橘洲。”是为具体地名，到了唐杜易简《湘川新曲》之一的“昭潭深无底，橘洲浅而浮”，就有了“浅而浮”地理特征的意义。宋辛弃疾《昭君怨·豫章寄张定叟》词：“长记潇湘秋晚，歌舞橘洲人散。”更是与“潇湘”共同指代文人心中隐世蔽居的意境。

馆阁园中水的形态有：涤砚涧、濯缨泉、池。《山水纯全集》中也都有对应的描述。“论水”条中称“两山夹水曰涧”“陵夹水曰溪”“湍而漱石者谓之涌泉”“山石间有水泮泼而仰沸者，谓之喷泉”。

水在园林中不仅单独构成园景，同时也是其他园林要素组合的纽带。如《南宋馆阁录》中描述，群玉亭往西行，则有一条水系贯通整个园林，此水系乃是园林的主要线索，围绕水系，分布大大小小的亭榭轩馆。茹芝馆、席珍亭、绎志亭、含章亭是形制与群玉亭相似的四个建筑（内都有十四副桌椅），在水系周围几乎均衡地布置，以其为该路线的完整构成部分。通过水系的营造，疏通园林的景观，梳理园林的游览路线。

有学者对馆阁建筑做过研究，排列了其中的建筑序位，并计算出大致的体量尺寸，推断出馆阁整体格局：东西约六十米，南北约三百米。[64]这个研究为本文对馆阁建筑中北部园林的复原提供了基础材料。

园林中的建筑装饰有“周以窗槛”“周回设窗”等描述，但建筑的意义更多是通过建筑匾题进行传达，每个题名者都是三馆秘书省中的高级文官。如“汗青轩”由石起宗题作，“群玉亭”由范成大题作，其他“芸香（虞似良）、涤砚（木待问）、鞠径（木待问）、迎曦（木待问）、席珍、濯缨（木待问）、采良（木待问）、茹芝（木待问）、绎志（木待问）、方壶（范端臣）、含章（范端臣）”等。

馆阁园林作为秘书郎、校书郎等文官商议事务、宴息的主要去处，园中每个建筑内部的配置都需要吻合建筑的功用及实施相关活动所需要的规模。如群玉亭，是园内最靠近中心建筑群的建筑，与中轴线上的主建筑群仅隔一个汗青轩、蓬峦和酴醾架，这一区域的构筑都围绕着群玉亭展开。亭内的设置如下描述：

> 牌中书舍人范成大书，初名芸香亭，淳熙四年二月，易今名。中设金漆椅十四，偏凳一，黑漆偏凳二，竹花瓶二，香炉一，金漆火炉一。凉床四，紫绢缘竹帘一，周以窗槛，后有芍药一坛，著作郎木待问植列山石五。[65]

由此可知，这不是我们常规理解的亭子，亭内有完整的家具布置，凉床、偏凳、香炉、花瓶等，包括十四副“金漆椅”，作十四副的设置应是为秘书省内主事的十四位秘书监、秘书郎、校书郎所用。在《馆阁录》后文中写道的“席珍亭”“茹芝馆”“绎志亭”“含章亭”内都有十四副桌椅设置的描述也都是这个原因。该亭“周以窗槛”，是为一个可封闭围合的空间，围绕着群玉亭，东有“鹤砌”、西有“芸香亭”、南是“蓬峦”，“蓬峦”

64. 柴洋波：《南宋馆阁建筑研究》，东南大学硕士论文，2005 年。

65. ［宋］陈骙撰：《南宋馆阁录》卷二，《武林掌故丛编》第十集，第 5—7 页。

后即“汗青轩”。（图4）

馆阁园中所栽植的植物除了起到划分空间的作用，同时也作为情感寄托之风物。当植物作为主要的造景元素时，讲究四季的游赏，并用其他元素配合造景，如与水、石多样的组合方式。馆阁园林在植物的栽种上，有散植的“单株、三株”等，有成簇的“丛、架、壇”，也有成片的“环植五十本”“兰畦”等，另外有其他一些特殊的“花藤、丛蓼（菖蒲）、列植（冬青十株）、列怪石山茶、竹（环以）”等植物造型。在当时植物已有拟人化的投射情况下，馆阁园中的植物选用也显谨慎且符合馆阁的人文品质。

2. 官家园林观念

馆阁园林的营造皆经由馆阁内文人之手，由于直接隶属皇家，皇帝经常来此议事，园中的设置需要满足皇家的园林趣味，或至少说是，文人所认为的皇家趣味。有关皇帝游幸馆阁园林的记载有，绍兴十三年（1143），高宗临幸；淳熙中，孝宗临幸。两次游幸，皇帝都宴请群臣，擢升各省官臣僚。[66]

从当前我国明清园林的研究来看，神仙观念好像并不存在，但是自高古到宋元，园林与神仙的想象有密不可分的关系。[67]中国的神话与仙话是以反叛的角色出现，在思想界，与儒家相对立，古老神话的保存与仙话的产生乃道家的贡献。神仙观念表现在园林中则是以具体的事物来指代求仙的愿望，常见的有蓬莱仙山、仙人棋台等形象。有关蓬莱仙山的起源来自《列子》。《庄子》中有一句言“列子御风而行”，后世之人就伪托古书写成一本《列

66.［宋］李心传撰，徐规点校：《建炎以来朝野杂记》，北京：中华书局，2000年，第95、96页。称：“绍兴十三年，……其年秋，又用秘书少监建阳游操之请，幸秘阁，召群臣观晋唐书画、三代古器，赐操三品服，省官皆迁官。淳熙中，孝宗踵光尧故事视学，命礼部侍郎李焘执经、祭酒林光朝讲大学，遂幸秘书省，赐省官燕，上赋七言律诗，坐者皆属和。是为两朝盛典云。”

67.汉宝德：《物象与心境——中国的园林》，北京：生活·读书·新知三联书店，2014年，第28页。

子》，扩展了庄子在神仙之说的领域。《列子》“汤问”篇中，提到大海有五座深山，一曰岱屿、二曰圆峤，三曰方壶，四曰瀛洲，五曰蓬莱。

> 其山高下周旋三万里，其顶平处九千里，山之中间相去七万里，以为邻居焉。其上台观皆金玉，其上禽兽皆纯缟，珠玕之树皆丛生，华实皆有滋味，食之节不老不死。所居之人，皆仙圣之种，一日一夕飞相往来者，不可数焉。

这些山成为园林中问道求仙的依据以及营造仙山场景的最初出处。

著作庭后的汗青轩前设置“蓬峦”，这种求道升仙的需求通常为皇室所好，奠定了园林的基本意象。汗青轩位于主要建筑群体的中轴线上，是建筑群结束和园林开始的地方。乾道五年（1169）九月二十日，孝宗临幸秘书省时，赐宴官员，并为秘书省赋诗如下：

> 玉轴牙签焕宝章，簪绅侍列映秋光。
> 宴开云阁儒风盛，坐对蓬山逸兴长。
> 稽古右文惭菲德，礼贤下士法前王。
> 欲臻至治观熙洽，更罄嘉猷为赞襄。[68]

诗中提及的园林构筑仅“芸阁”和“蓬山”，在芸阁宴请，坐对“蓬山”赏景，既指出这二者的重要性，又彰显园林活动中“坐对”的意义。

馆阁园林是文人们用以燕息游赏、谈经论道的场所。不论是馆阁园林的主要建造者、执馆文人们，还是所有者，皇室都以清高而怀古的文人身份自居，园中的构筑也尽可能地追求清雅且内涵深刻。苏东坡便是南宋文人主要瞻仰的对象，他的广博使人人都能从其中找到自己可以寄予的情怀。孝宗居

68.［明］田汝成撰：《西湖游览志》卷十五，杭州：浙江人民出版社，1980年，第181页。

行间总爱称道“子瞻或东坡”。上行下效，馆阁园中的文人亦如此，他们都以能获得东坡遗物一二为豪。

馆阁园林前的主体建筑，著作之庭中，颇为周折地移入原归属韩侂胄的“东坡竹石”。《鹤林玉露》称：“东坡谪儋耳，道经南安，于一寺壁间作丛竹丑石，甚奇。韩平原当国，劄下本军区之，守臣以纸糊壁，全堵脱而龛之，以献平原，置之阅古堂中。既败，籍其家，壁入秘书省著作之庭。”[69]写到东坡在南安寺壁赏所作的丛竹丑石画，先后被韩侂胄收入自己的阅古堂中，又被收入到秘书省的著作庭中。

但秘书省文人生活更多的是清简，园林营造也如是。洪迈《夷坚志》写到，乾道初，内侍陈源居在秘书省东，连墙起楼，楼下筑台，经常在秘书省墙界处奏乐宴客。有闽士献书提醒他：“宅西正是三馆职，多穷寒措大，羡人富贵，于心常以弗堪，或能害我。”[70]说的正是内侍与馆阁文人间生活的巨大差异，馆阁园林的营造也必然与奢华豪侈无关。

对馆阁园林的研究不独因其园林规制宏大、构造特征显著，更由于它在园林转折时期所承载的时代特点。在思想上，它们体现了主流园林意义，即园林中的礼仪性、文人化和皇权中心。这些特点与皇家园林一脉相承，且规模和形制上不相上下。较之于个人化、分散、偏僻的文人私园，作为官家典型的馆阁园林能产生持续且深远的影响。它们的开放性使在吸收了皇家主流特征后，又能与文人趣味交杂、融糅，并对上和下产生双向影响，同时，官员的流动性使得馆阁园林具有开放并产生广泛影响。

3. 王贵园林

（1）韩侂胄（1152—1207）南园

韩侂胄是范仲淹的盟友韩琦曾孙，以奸臣入《宋史》。南园在南山路一

69. ［明］田汝成撰：《西湖游览志》卷十五，杭州：浙江人民出版社，1980年，第344页。
70. ［清］厉鹗等：《南宋杂事诗》卷五，杭州：浙江人民出版社，2016年，第305页。

带，据《武林旧事》记“南园：中兴后所创。”[71]此园应在高、孝两宗之后所建，原是皇家别苑。《咸淳临安志》记：“在长桥南，旧名南园。慈福以赐韩侂胄。”[72]在韩被诛后，复归御前，改名庆乐。[73]理宗皇帝又赐嗣荣王赵与芮，改名“胜景”，御书“胜景”二字为匾。[74]

叶绍翁[75]《四朝闻见录》中“南园记考异”条进一步确认了南园的位置，书中称：“武林即今灵隐寺山。南园之山，自净慈而分脉，相去灵隐有南北之间。麓者山之趾，以南园为灵隐山之趾，恐不其然。惟攻媿楼公[76]赋武林之山甚明。”[77]认为南园所依之山为“净慈”分脉，而不在“灵隐”之麓。

对南园作记最详的属陆游《南园记》，他因此也卷入韩侂胄干政的历史评说中，褒贬不一。《渭南文集》是陆游未病时亲自编辑的文集，史称“其不入韩侂胄园记，亦董狐笔也”[78]。但这丝毫不影响《南园记》成为当时园记模板。该记既能循序而详实地描绘园内场景，又有以园抒胸臆的表达。叶绍翁对此记的评价是：“韩求陆记，记极精古。”并以记中“天下知公之功而不知公之志，知上之倚公而不知公之自处。公之自处与上之倚公，本自不

71.［宋］周密撰：《武林旧事》卷五，《周密集》第二册，杭州：浙江古籍出版社，2012年，第93页。

72.［宋］潜说友纂修：《咸淳临安志》，《宋元方志丛刊》第四册，北京：中华书局，根据清道光十年（1830）钱塘汪氏振绮堂刊本影印，1989年，第4158页。

73.［宋］孟元老：《东京梦华录——都城纪胜》，北京：中国商业出版社，1982年，第13页。园苑记：“南山长桥则西有庆乐御园。旧名南园。”

74.［宋］潜说友纂修：《咸淳临安志》，《宋元方志丛刊》第四册，北京：中华书局，根据清道光十年（1830）钱塘汪氏振绮堂刊本影印，1989年，第4158页。

75.《四朝闻见录》点校说明称：叶绍翁，字嗣宗，号靖逸。自署龙泉人。《四朝闻见录》甲集“庆元六君子”条载，庚辰（1220）京城灾，论事者众，周端朝语绍翁曰：“子可以披腹琅轩矣。”绍翁曰：“先生在，绍翁何敢言。”同集“词学”条又载绍翁与真德秀（1178年至1235年）私校徐凤殿试卷一事。据此，《四库全书总目提要》云：“绍翁‘似亦尝为朝官，然其所居何职则不祥矣’。”北京：中华书局，1989年，第1页。

76.攻媿楼公：指楼玥，1137—1213年。南宋明州鄞县人。字大防，号攻媿主人。

77.［宋］叶绍翁撰：《四朝闻见录》戊集，第188页

78.董狐笔：指春秋时晋国史官董狐在史策上直书晋卿赵盾弑其君的事。见《左传·宣公二年》。后用以称直笔记事，无所忌讳的笔法为“董狐笔”。

俟”为由，认为陆游对韩所表达出来的微词及期待。

明代毛晋作《〈放翁逸稿〉跋》对陆游撰写《南园记》及《阅古泉亭》的背景进行了解读，写道：

> 予以梓行久矣，牧斋师复出赋七篇相示，皆集中所未载。又云：“阅古、南园记，虽见疵于先辈，文实可传，其饮青衣泉，独尽一瓢，且曰“视道士有愧，视泉尤有愧”。已面唾伲胄。至于南园之乱，惟勉以忠献事业，无谀辞，无侈言。放翁未尝为韩辱也。因合镌之。并载诗余几阙，以补渭南之遗云。湖南毛晋识。[79]

称其“虽见疵于先辈”，但所作之记并无“侈言”，更多是策勉之意，“勉以忠献事业”。现于此处将《南园记》前半部分完整录入，以供重新建构南园意象。

> 庆元三年（1197）二月丙午，慈福有旨，以别园赐今少师平原郡王韩公。其地实武林之东丽，而西湖之水汇于其下，天造地设，极山湖之美。公既受命，乃以禄入之余，葺为南园。因其自然，辅以雅趣。方公之始至也，前瞻却视，左顾右盼，而规模定；因高就下，通窒去蔽，而物象列。奇葩美木，争效于前，清流秀石，若顾若揖。于是飞观杰阁，虚堂广厅，上足以陈俎豆，下足以奏金石者，莫不毕备。高明显敞，如蜕尘垢而入窈窕，邃深于无穷。既成，悉取先得魏忠献王之诗句而名之。堂最大者曰许闲，上为亲御翰墨以榜其颜。其射厅曰和容，其台曰寒碧，其门曰藏春，其关曰凌风。其积石为山，曰西湖洞天。其潴水艺稻，为囷为场，为牧羊牛畜雁鹜之地，曰归耕之庄。其他因其实而命之名，则曰夹芳，曰

---

79. 陈从周、蒋启霆选编：《园综》，上海：同济大学出版社，2004 年，第 321—324 页。

豁望，曰鲜霞，曰矜春，曰岁寒，曰忘机，曰照香，曰堆锦，曰清芬，曰红香。亭之名则曰远尘，曰幽翠，曰多稼。自绍兴以来，王公将相之园林相望，莫能及南园之仿佛者。[80]

南园借景武林山、西湖水的自然山水环境，如上文所述，依净慈山脉，背山面湖。地理位置备俱造园优势之“天造地设，极湖山之美”。以此为选址标准是在园林仍未自成体系地营造“壶中天地”的意象之前所常见。南园进行全面建设之前，韩侂胄及造园管事对整体环境进行一系列的勘察和度量。陆游称“前瞻却视，左顾右盼，而规模定”。之后“因高就下，通窒去蔽，而物象列”地去修整自然环境，栽植佳花美木，叠山置石。除此之外，陆翁园记中最重要的就是对园主人志向的表达，称韩侂胄以韩忠献王诗词为园中堂榭提名，如“许闲”堂、“和容”射厅、“寒碧”台等，都是以先辈韩世忠之志作为自己的志向，以“公之志，忠献之志也。与忠献同时，功名富贵略相埒者，岂无其人？”[81]参照韩世忠的忠义之举为自己的行为准则。（图6）

《梦粱录》根据《南园记》对南园的内部构成做了概括，仅称其：

园内有十样亭榭，工巧无二，俗云：“鲁班造者”。射圃、走马廊、流杯池，山洞、堂宇宏丽，野店村庄，装点时景，观者不倦，内有关门，名凌风关，下香山巍然立于关前，非古沈即枯枿木耳。盖考之志与《闻见录》所载者误矣。[82]

这样的概括比《南园记》的叙述简略许多，但简化的过程十分有趣，并

80. 曾枣庄、刘琳主编：《全宋文》二二三册，卷四九四五，上海：上海辞书出版社，2006年，第144—145页。

81. 同上。

82. ［宋］吴自牧撰：《梦粱录》卷十九，1967年，北京：商务印书馆，第175页。

株，近流水）、满霜亭（橘五十余株）、听莺亭（柳边竹外）、千岁庵（仁皇飞白字）、恬虚庵、凭晖亭、弄芝亭、都微别馆（诵《度人经》处，经乃徽宗御书）、冰湍桥、漪岚洞、施无畏洞（观音铜像）、澄霄台（面东）、登啸台、金竹岩、古雪岩、隐书岩（石函仙书，在严穴中，可望不可取）、新岩、叠翠庭（茂林中容十数人坐）、钓矶、菖蒲涧（上有小石桥）、中池（养金鱼在山涧中）、珠旒瀑、藏丹谷、煎茶磴。

《武林旧事》“玉照堂梅品”条选记了张镃《玉照堂梅品》一文，虽以叙述梅花为主，亦有园林构成的描述。张镃在南湖原有宅园前得“曹氏荒圃”，圃中本已有古梅数十，他又增取西湖北山别圃江梅与其合并构景。“圃”内有堂数间，两侧有二室，前又有轩“如堂之数”。花开时节，居堂内“环洁辉映，夜如对月”，以此取名“玉照堂”。在玉照堂边上辟有水流，有小舟往来，当时的太保周必大就曾游览玉照堂，写诗称赞道：“一棹径穿花十里，满城无此好风光。”使玉照堂更负盛名于世。“名人才士，题咏层委，亦可谓不负此花矣。”

张镃家世显赫又有才艺，喜爱游赏，交游极为广泛。曾维刚的《张镃年谱》中写到，与他交往的人包括了朝野中的政要，如史浩、萧燧、洪迈、周必大、江特立、金镗、楼玥等，文坛名人有陆游、杨万里、尤袤、范成大、辛弃疾、姜夔等，均与之有往来唱酬。[106]马远与张镃过从甚密，他的山水画与张镃的园林别墅应有密切关系。[107]尤其《华灯侍宴图》上方题诗：“朝回中使传宣命，父子同班侍宴荣。酒捧倪觞祈景福，乐闻汉殿动笑声。宝瓶梅蕊千枝绽，玉栅华灯万盏明。人道催诗须待雨，片云阁雨果诗成。”左下边款署“臣马远”。[108]所描述场景几乎是张镃约斋和贾似道园林别墅生活的翻版。（图8）

106. 曾维刚：《张镃年谱·前言》，北京：人民出版社，2010年，第1页。
107. ［宋］张镃：《南湖集》卷2，文渊阁四库全书影印本。
108. 邓乔彬：《宋代绘画研究》，郑州：河南大学出版社，2006年，第392页。

图8　［南宋］马远，《华灯侍宴图》。中国古代书画鉴定组编：《中国绘画全集4》，杭州：浙江人民美术出版社，2000年，图44。

四、园林营造特点

诸王贵戚对园林的期待与普通文人士大夫仍有较大区别，他们的期待更接近于皇室。作为拥有特权的阶层，他们对园林的期待是什么，园林需要满足他们什么样的精神追求？对这些问题的解答实际上是了解南宋这一时期最理想及最完备的园林样式的最佳途径。

贵戚们对自然山林的渴望，隐逸情怀及对羽化升仙的追求，与他们的志向无不矛盾重重。做一个悠闲村夫还是特权王贵，去过闲云野鹤的生活还是庄严地高踞庙堂之上？他们一样都不愿舍弃。如此也切实反映在其所造园林里。这一点不同于普通的文人士大夫，对于普通文人来说，园林生活通常是治国理想实现之后的期待，或者是未得实现的退居之地，是他们理想的呈现和表达。虽然南宋文人们一度认为皇帝并不是高高在上的，而是和他们一样的存在，是具有相同的人间本性、服从相同的伦理规范、遵守相同的行为准则的君主。[109]但土地和财富上的特权却使他们在园林营造上拉开距离。

特权阶层能随意占有优质土地进行造园。《玉照新志》中称赵渭磻为临安府尹时，内侍甘升欲占有郡圃为园，赵渭磻“忻然领命”，如文：“乾道中，赵渭磻老为临安尹时，巨珰甘升有别墅在西湖惠照寺西，地连郡之社坛。升欲取以广其圃，磻老欣然领命。”[110]《静佳集·辛亥二月望祭斋宫因游甘园》称在净慈寺的甘园[111]占尽西湖之美景，诗称：“朝霏作雨连天湿，花气熏人到骨香。四望水亭无正面，有花多处背湖光。”贵戚园林在具体营造上，发扬了皇家的园林趣味，如皇家园林源于道家讲求神仙境界的模拟，以及种种仙苑模式，[112]举凡造园的立意、构思方面的浪漫情调和飘逸风格，

109.［日］小岛毅：《宋朝：中国思想与宗教的奔流》，何晓毅译，桂林：广西师范大学出版社，2014年，第197页。

110.［清］厉鹗等：《南宋杂事诗》卷六，杭州：浙江人民出版社，2016年，第322页。

111. 同上。

112. 周维权：《中国古典园林史》（第三版），北京：清华大学出版社，2008年，第13页。

图 9　[南宋]无款，《纳凉观瀑图》。中国古代书画鉴定组编:《中国绘画全集 6》，杭州：浙江人民美术出版社，2000 年，图 83。

图 10　[南宋]无款，《荷亭对弈图》。中国古代书画鉴定组编：《中国绘画全集 6》，杭州：浙江人民美术出版社，2000 年，图 196。

园林规划通过筑山理水的辩证布局来体现山嵌水抱的关系，也都是内在道家精神的体现。

1. 园林观念：隐逸与求仙

贵戚们的隐逸想法多来自对前代隐士的崇敬，并以追随其隐者行径为目标。以田园诗人陶渊明为代表，他的《归去来辞》蕴含了后世大部分园林营造的内涵，把质朴的自然风景提升到人生价值的高度。（图9、图10）

> 归去来兮，田园将芜，胡不归？……乃瞻衡宇，载忻载奔。童仆来迎，稚子候门。三径就荒，松菊犹存。携幼入室，有酒盈樽。引壶觞以自酌，眄庭柯以怡颜；倚南窗以寄傲，审容膝之易安。园日涉以成趣，门虽设而常关；策扶老以流憩，时矫首而遐观。云无心而出岫，鸟倦飞而知返；景翳翳以将入，扶古松而盘桓。

这成为上至皇家下至文人所共同追求的园林精神。辞中所描写的意境也是追求隐逸思想的园林营造者所极力摹仿的，也有部分贵戚是因政治上的失意而产生退隐之思。“中兴四将”之一的韩世忠在生活中“绝口不言兵，自号清凉居士。时乘小骡，放浪西湖泉石间”[113]。《浙江通志》称其因忤逆秦桧，被解兵柄，便整日逍遥湖上。绍兴十一年（1141）冬，岳飞死后，韩世忠以岳飞《登池州翠微亭诗》“经年尘土满征衣，特地寻芳上翠微，好水好山看未足，马蹄催趁月明归”[114]中“翠微”一词建亭纪念，并且常常独自游览至此。

韩世忠原是兵家出生，不能书写，但到晚年忽有所悟，书写作文，且“诗词皆有见趣，信乎非常之才也”[115]。据记，有一日，韩世忠到香林园，园主人——尚书苏仲虎家宴客人，韩世忠便参与其间，宾主甚欢。第二天他手书二词以寄赠。[116]《临江仙》写道：

> 冬日青山潇洒静，春来山暖花浓，少年衰老与花同。
> 世间名利客，富贵与贫穷。
> 荣华不是长生药，清闲不是死门风。
> 劝君识取主人公，单方只一味，尽在不言中。

《南乡子》则有：

> 人有几何般，富贵荣华总是闲。
> 自古英雄都是梦，为官，宝玉妻儿宿业缠。

113.［宋］周密撰：《齐东野语》卷十九，《周密集》第二册，杭州：浙江古籍出版社，2012年，第345页。

114.［清］厉鹗等：《南宋杂事诗》卷五，杭州：浙江人民出版社，2016年，第254页。

115.［宋］周密撰：《齐东野语》卷十九，《周密集》第二册，杭州：浙江古籍出版社，2012年，第345页。

116.同上。

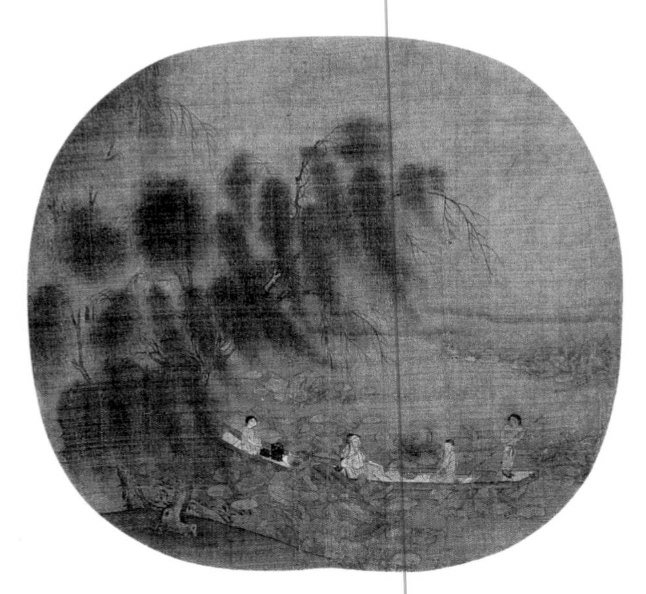

图 11　［南宋］无款，《柳塘泛月图》。中国古代书画鉴定组编：《中国绘画全集 6》，杭州：浙江人民美术出版社，2000 年，图 103。

年事已衰残，鬓发苍苍骨髓干。

不道山林多好处，贪欢，只恐痴迷误了贤。

两首诗都表达了对于富贵、权利、地位的反思及对山林野趣、文人情怀的追求。

此外还有杨和王，他常闲居郊外。当素服遇到相字者时，相者“以笔与札进，杨王拒之”[117]，相者称穿着野服的杨和王有王贵之相。这些情况都反映出当时位居高位的王贵阶层的矛盾心境，一方面极尽奢华，另一方面又寻求超脱。（图11）

117.［宋］叶绍翁撰，沈锡麟、冯慧民点校：《四朝闻见录甲集》，北京：中华书局，1989 年，第 42 页。

官贵园林中摹仿三山现象极为普遍，并且有其他类似的求仙构造。杨和王在清湖河的洪湖桥旁的住宅，规制甚广，极其宏丽。落成之日，纵外人游观。有一僧善相宅称："此龟形也，得水则吉，失水则兄。"[118]那个时候，临安城内失火事件频频发生，他便去跟高宗表明想引西湖水环绕自己的住宅。高宗首肯道："朕无不可，第恐外庭有语，宜密速为之。"为避免闲言碎语，杨和王立即召集数百个壕寨兵，并招募民工，夜以继日地开展引水工程。水"入自五房院，出自惠利井，蜿蜒萦绕，凡数百丈"[119]，三个昼夜就完工了。此则事例表明，虽以神仙观念为名，实则蕴含了最具功能性的住宅观，得水、宜居、防灾。

吴郡王的园内有池，池上的卦象，如下所述：

> 池方四五尺，画卦象：山雷颐[120]于匾。[121]

另外，赵冀王的华津洞内有"仙人棋台"等构造。道家学说包含着朴素的辩证思想，强调阴与阳、虚与实、有与无的对立统一关系，对宇宙间的宏观和微观空间的形成做出虚实相辅的辩证诠释。[122]在园林里，这样的观念也促成了活泼自由的形式出现，既能满足求仙的精神需求，在审美上，也产生了无定式、多样化的特征。

118.［宋］周密撰：《齐东野语》卷四，《周密集》第一册，杭州：浙江古籍出版社，2012年，第65页。

119. 同上。

120. 以卦体之象为名，颐者口颊也。上下二阳爻，中含四阴。外实而中虚，取象人口饮食养身，故名颐，养也。上止而下动，山下有雷，动而止，养得正用而为吉。此卦阳刚爻居体，故不能有所作为，卦义亦为受养之用。

121.［宋］叶绍翁撰，沈锡麟、冯慧民点校：《四朝闻见录乙集》，北京：中华书局，1989年，第49页。

122. 周维权：《中国古典园林史》（第三版），北京：清华大学出版社，2008年，第13页。

2. 园林活动

（1）文人交游

南宋南渡的贵族和封王们都有一种自比东晋南渡贵族的情怀。他们因政治上的种种因果关系而获得特权和财富。国事稳定后，则比普通文人表现出更为强烈的精神追求，意欲以此确立高级文人的地位。对古代仪典的追寻便是一种可参照的便捷方式，源自上古的“曲水流觞”活动便是一例。这项活动在东晋时的南渡贵族中有过广泛影响，并成为后世文人广为模仿的园林活动。其中王羲之“既去官，与东土人士尽山水之游，弋钓为娱”[123]成为这项活动的主要内涵。另外，“修禊”也是祈福的重要行为。

关于“修禊”在民间的开展说法起源，《尔雅·释天》称：“楔·祭也。”《风俗通·祀典》称：“楔者·清也。”《说文通训·定声》称：“楔者·祓也。”《说文·王篇》称：“祓·除灾求福也。”《周礼·春官女巫》称：“掌岁时，祓除赏浴。”郑玄注：“今三月上巳，水上之类。”《史记·外戚世家》称：“武帝禊霸上。”《集解》引徐广曰：“三月上巳，临水祓除谓之禊。”《汉书·外戚传》称：“帝祓霸上。”孟康注：“祓·除也。于霸水，上自祓除。今三月上巳祓禊也。”《韩诗章句》称：“郑国之俗，三月上巳，于溱，洧两水之上，执兰招魂续魄，祓除不祥。”《晋·起居注》称：“泰和六年诏，三日临流杯池，依东堂小会。”《荆楚岁时记》称：“禊祓，三月三日禊祓。”按韩诗云：“唯溱与洧，方洹洹兮。唯士与女，方秉闲兮。”注云：“今三月桃花水下，以招魂续魄，祓除岁秽。”无不表达祈福的缘起。（图12）

修禊的场地通常会选择在自然的溪流畔或者营造人工水渠、水道。梁沈约《宋书·礼志》写道：“魏明帝天渊池南，设流杯石沟，燕群臣。”梁朝萧子显撰《南齐书·礼志》引述西晋陆机说：“天渊池南石沟引御沟水，池西积石为禊堂，跨水流杯饮酒。”

123.《晋书·王羲之列传》。

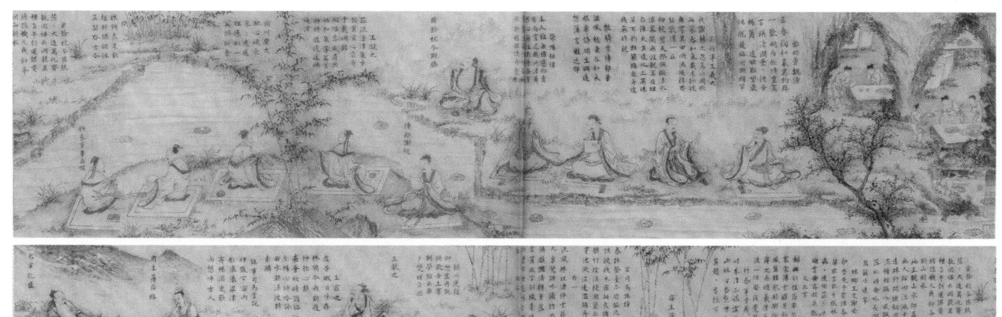

图 12　［南宋］无款，《兰亭图》。中国古代书画鉴定组编：《中国绘画全集 5》，杭州：浙江人民美术出版社，2000 年，图 103、图 104。

《元河南志·卷二》记载晋城阙宫殿古迹中："华林园内有崇光、华光、疏圃、华延、九华五殿，繁昌、建康、显昌、延祚、寿安、千禄六馆。园内更有百果园，果别作一林，林各有一堂，如桃间堂、杏间堂之类。……园内有方壶、蓬莱山、曲池。"[124]晋代的宫殿中就有蓬莱三山与曲池的造景。

《旧唐书》和《长安志》均有唐长安禁苑中流杯亭、名"临渭亭"的记载。

现存最古老的流杯亭遗址之一是河南登封崇福宫的泛觞亭。在北宋的《营造法式》内有两幅关于流杯亭形制的图例（图13、图14）。晚明著名刻书家汪廷讷在位于徽州休宁的环翠堂营建他引以为豪的花园，请了艺术家钱贡为这个花园绘制了一幅手卷，并请木版刻工黄应组将其转刻为《环翠堂园景图》。场景内就有一幅流杯亭的绘画记载。

本来是在上巳修禊时节所行的流杯事兰亭宴，到北宋时则只要文人兴致所到便可以举行。胡宿（995—1067）的《流杯亭记》描述了"曲水流觞"活动的场景，记录了北宋河南府志内的园林中曲水流觞活动的场景。他写道：

124. 中华书局影印本《宋元方志丛刊》，第 8364 页，转引自 2003 年天津大学建筑傅晶博士论文《魏晋南北朝园林史研究》。

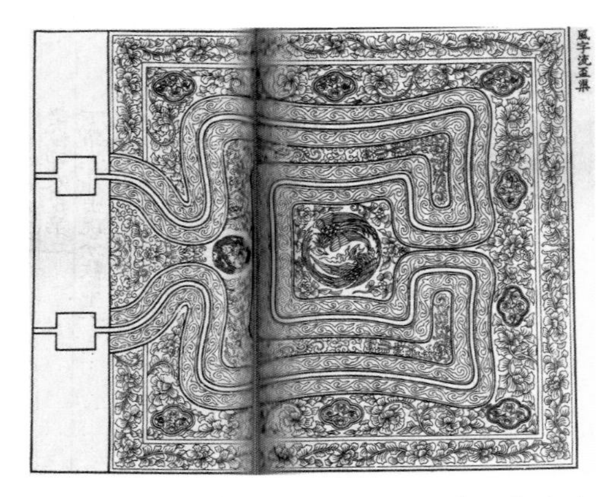

图13　“风”字型流杯渠图例。［宋］李诫撰：《营造法式》，北京：中国书店出版社，第656、657页。

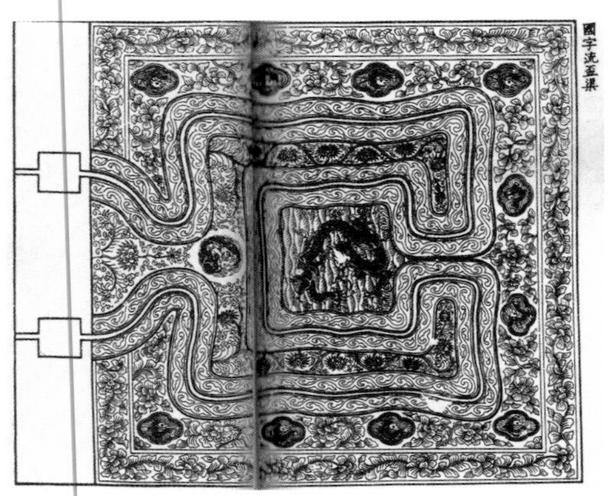

图14　“国”字型流杯渠图例。［宋］李诫撰：《营造法式》，北京：中国书店出版社，第654、655页。

乃立亭于迷鱼之后，西北置于砻石作渠，析溧上流，曲折凡二百步许，弯环转激，注于亭中，为浮觞乐饮之所。东西植杂果，前后树众卉，与清暑、会景、参然互映，为深远无穷之景焉。亭成，榜之曰“流杯”，落之以钟鼓。车骑夙驾，冠盖大集。贤侯莅止，嘉宾就序，朱鲔登俎，渌醽在樽，流波不停，来觞无算。人具醉止，莫不华藻篇章间作，足以续永和之韵矣。[125]

南宋王贵园林中都有流杯亭设置的记录，在韩侂胄的南园里，吴自牧的《梦粱录》和周密的《武林旧事》都有提及园内流杯亭的建构。[126]张镃的南湖园内也有“曲水流觞”活动的记录，他在《赏心乐事》中写道：“三月季

125.［宋］胡宿：《流杯亭记》，陈从周、蒋启霆选编，赵厚均注释：《园综》，上海：同济大学出版社，第 67 页（录自《文恭集》卷三十五）。

126.［宋］吴自牧撰：《梦粱录》卷十九，北京：商务印书馆，1967 年，第 175 页。称：“园内有十样亭榭，工巧无二，俗云：‘鲁班造者’。射圃、走马廊、流杯池、山洞、堂宇宏丽，野店村庄，装点时景。”《武林旧事记》卷五称：“（南园内）……秀石为上，内作十样锦亭，并射圃、流杯等处。”

春，生朝家宴，曲水修禊陈刻‘流觞’。”[127]

曲水活动源自民间，后又为士族大夫们彰显风雅之用，到南宋又回归到了民间公共游赏的西湖边。西湖边园林中的曲水亭，又名“流杯亭，亭心有水台盘，曲折可流觞”。该流杯亭旁边有立有陆羽的《二寺记》碑。薛映诗：

台盘疏石渠，激流环四面。
夏屋有余清，羽觞随意转。
宾告醉言归，主称情未倦。
虽非禊饮辰，岂谢兰亭宴。

梅询诗：

鹤发山中人，疏泉凿幽石。
如凭青玉案，分递白云液。
泠泠溅雕俎，瑟瑟穿吟席。
醉坐三伏中，烦襟自消释。[128]

流杯的设置不论是否具有实际的流杯活动，已经代表了园林中寄寓的祈福和文人交流的渴望。

（2）书斋活动的延伸

书斋作为文人修养自我的重要空间，在文人生活中起到重要作用，他们会在里面同友人交流思想和观念，园林里的活动可以说是将书斋活动移至环境更好的室外。米芾父子陈列文玩的“宝晋斋”周围皆“高梧丛竹，林越禽鸟”，俨如幽静清深的会友、鉴古之处。（图15、图16）

白居易《池上篇·序》书写出了把弹琴场所作为园林主要意义的场景：

127.［宋］张镃：《赏心乐事》。

128.［明］田汝成撰：《西湖游览志》卷十一，杭州：浙江人民出版社，1980年，第129页。

图 15　［宋］无款,《洛阳耆英会图》。《台湾故宫书画图录》,台北:台北“故宫博物院”,1989 年,第 53 页。

图 16　［宋］无款,《博古图》。《台湾故宫书画图录》,台北:台北“故宫博物院”,1989 年,第 245 页。

> 每至池风春,池月秋,水香莲开之旦,露青鹤唳之夕,拂杨石,举陈酒,援崔琴,弹姜《秋思》,颓然自适,不知其他。酒酣琴罢,又命乐童登中岛亭,合奏《霓裳散序》,声随风飘,或凝或散,悠扬于竹烟波月之际者久之。曲未竟而乐天陶然已醉,睡于石上矣。

周密就获友人邀约于馆阁观画,藏画的地方在“秘阁”,需要从主建筑群的右文殿穿过道山堂、著作之庭,再穿过馆阁的园林才能到达秘阁。

图 17　［宋］无款，《十八学士图》。《台湾故宫书画图录》，台北：台北"故宫博物院"，1989 年，第 57 页。

图 18　［宋］无款，《十八学士图》。《台湾故宫书画图录》，台北：台北"故宫博物院"，1989 年，第 59 页。

最后步石渠，登秘阁，两旁皆列龛先朝会要及御书画，别有朱漆巨匣五十余，皆古今法书名画也。是日仅阅秋收冬余四匣。画皆以鸾鹊绫、象轴为饰，有御题者，则加以金花绫。[129]

吴郡王在他的园中进行了书斋活动，如临帖、读书、下棋。（图17、图18）

129.［宋］周密撰：《齐东野语》卷十四，《周密集》第一册，杭州：浙江古籍出版社，2012 年，第 234 页。

公无他嗜好，居近城，与东楼平。光皇为书匾以赐，不名其名而名其官。楼下设维摩榻。尤爱古梅，日临钟王帖以为课，非其所心交者，迹不至此……公所居，予旧游也。自厅事侧梯东楼，楼下以半值镇安旌节，半为燕坐处。楼相直有亭，仅著宾主四人。[130]

3. 园林手法

官家和贵戚园林虽以发扬皇家趣味为目标，但很多时候也会标榜文人趣味。儒家学说中的以“仁”为根本，以“礼”为核心，是封建意识形态的正统，表现在园林中即自然生态美与人文生态美并重，风景自由布局中蕴含着进入的秩序感和浓郁的生活氛围。[131]官家和贵戚园林面积较大，内设场景丰富，需要合理的方式组织园景。园景的组织包括分区设置不同场景，序列化串联园林路线，强调不同区域的点景等，但也不独使用一种手法，会依照情况共同使用。

（1）场景分区

场景分区以不同的功能作为依据，张镃的南湖园是典型。还有较不明显的分区，依据不同的地理条件或不同的游览活动来分。最巧妙的是一种以不同意境进行分区，特征不明显但意趣横生，通过巧妙的设置，游人在不经意中转换了不同的心境。

张镃的南湖园以功能进行分区，共分为五个区域，东寺庙区、西住宅区、南湖园区、北山林园区，还有偏重野趣的众妙峰山的山林园景。虽然这样的分区看似有严格的功能界限，但由于同属于大园系统，各种分区承担不同功能，之间又互相联系。如东寺庙区，淳熙丁未年（1187）由张镃舍宅为

130. ［宋］叶绍翁撰，沈锡麟、冯慧民点校：《四朝闻见录乙集》，北京：中华书局，1989年，第49页。

131. 周维权：《中国古典园林史》（第三版），北京：清华大学出版社，2008年，第13页。

寺而建，内有真如轩，种竹处。西住宅区内有山水建构的“瀛峦胜处”“柳塘花苑”，还有欣赏山水风光的“赏真亭”。南湖园区和北山林园区则以园林营造为主，一个围绕湖景，一个涉趣山林。众妙峰山区则偏于自然野趣欣赏，对自然山水进行点景和串联游览。整个园林按照功能分区后，每个区块又有其内在不同的组合方式。

如北山林园区，主要的建筑被围绕在大片单一品种的花木中，如梅花四百株处为“玉照堂”，青松二百株处为“苍寒堂”，等等。园内根据不同的花木种植有了更为细致的分区。范围上以植物为依据进行划分，但每处的中心则是建筑，这是大园的特色，不同于后世以小见大的园林，而更接近南宋之前的园林样式。

但是在众妙峰山区，则不见这种区域性的划分，取而代之的是以建筑景题的统一性作为整体景观的串联。如“俯巢轩”“无所要轩”“长不昧轩”“摘星轩”“餐霞轩”“读易轩”“咏老轩”，强调的是人读书、娱乐的状态，其中并无主体化的园林内容，更强调一种精神的延续。另外，此区水、石、花木的设置也仅依自然环境稍加梳理而已。这样的营造则更接近于后文要讲的以特定线索进行园林组织。（图7）

韩侂胄的南园区分出作为游戏性活动场所的“射圃”“走马廊”“流杯池”，作为造景自然山川的山洞、关、台，作为倡导农耕之事的“野店村庄”三部分。

贾似道的水乐洞就是通过诗词意境而进行园林分区的典型，园中亭榭取名为“声在”“爱此”“留照”“独喜”，皆源自东坡诗《东阳水乐亭·为东阳令王都官概作》中出世的情感意境。另一块区域则“辟荦确为径而上”，源于东坡另一首诗《东坡》中的“莫嫌荦确坡头路，自爱铿然夜杖声”，体现以险为乐，乐观旷达的心境。

（2）线索组织园林

园林的游览讲求路线上的不同体验，有明显的线索组织路线情况。有以一条线索为主线，其他线索为其分支路线；也有几条线索并重设置路线的，且不论哪一种类型，流畅的体验是主要的追求目标。

馆阁园林的平面图根据陈骙《中心馆阁录》所描述进行复原（图4、图5）。《建炎以来朝野杂记》称，这是当时直属机构里最华丽的园林。园林的主要作用是为馆阁的秘书郎、校书郎等提供商议事务、宴息之处。上文摘录的原文中，有每个建筑内部配置的详细描述，由此可以获得这些建筑的功用及在里面活动的规模、性质。如群玉亭，显然是园林内最靠近中心建筑群的园林建筑，与中轴线上的主建筑群仅隔一个汗青轩、蓬峦和酴醿架。这一区域的园林构筑都围绕着群玉亭展开。亭内的设置：

> 牌中书舍人范成大书，初名芸香亭，淳熙四年二月，易今名。中设金漆椅十四，偏凳一，黑漆偏凳二，竹花瓶二，香炉一，金漆火炉一。凉床四，紫绢缘竹帘一，周以窗槛，后有芍药一坛，著作郎木待问植列山石五。[132]

由此可知，这不是我们常规理解的亭子，亭内有完整的家具布置，凉床、偏凳、香炉、花瓶等，包括十四副“金漆椅”，作十四副的设置应是为秘书省内主事的十四位秘书监、秘书郎、校书郎所用。在《馆阁录》后文中写到的“席珍亭”“茹芝馆”“绎志亭”“含章亭”内都有十四副桌椅设置的描述应是这个原因。该亭“周以窗槛”，是为一个可封闭围合的空间。围绕着群玉亭，东有“鹤砌”、西有“芸香亭”、南是“蓬峦”，“蓬峦”后即“汗青轩”。

群玉亭往西行，则有一条水系贯通整个园林，此水系乃是园林的主要线索。围绕水系，分布大大小小的亭榭轩馆，其中，茹芝馆、席珍亭、绎志亭、含章亭，是形制与群玉亭相似的四个建筑（内都有十四副桌椅），均衡

132.［宋］陈骙撰：《南宋馆阁录》卷二，《武林掌故丛编》第十集，第5—7页。

地布置在水系周围，以其为该路线的完整证明。

另外，吴郡王的园林也可见其注重流线的景物设置，但此处的流线是以地势上的高低之势为引导。

> 因城叠石曰“南麓”。麓后高数级，登汲于瓮，泄之以管，淙淙环佩声，入方池……自麓之后，登城为啸台。下有堂依城南，榜曰“读书台”，有级可下。又自台入洞门，依雉堞有平地可坛，环植碧桃，有石可棋而坐。自西行，有径亭曰“物表”，亦光皇赐扁，面直吴山。又曲折旁转，入荼蘼洞，茅顶而圆，内揭以镜曰“定菴”。与僧智彬语达摩学则至。大抵地仅寻丈，而藤蔓联络，花竹映带，鸟啼鹤唳，寂如山林。公野服尘斧，大绦蒲履，倘徉其间，望之者疑为仙云。[133]

园林中的第一个高点是由叠石而成的“南麓”。在“麓”之后，则是“啸台”，这是登上城墙与城墙齐高的设置，是园中最高点。园林中依城墙造景的传统在北宋就已常见，不仅能因此为边界，同时能从高点观赏城市景观。台下逐级降低的则有堂，名“读书台”，“有级可下”又入一洞“依雉堞”，雉堞是城墙上如齿状的女儿墙。因此，此时的洞仍在该园的高处，但比啸台已是往低处走了。后面的园林线索则由此展开。

园林的流线设置，有具体的媒介作为其线索。有的是以成线性的流水，如馆阁园；有的则是以地形的攀登路线，如吴郡王园；还有的是以活动次序的组合串联，如韩侂胄南园等。不论何种线索的处理，讲究的都是游览过程中体验的流转和完整。

133.［宋］叶绍翁撰，沈锡麟、冯慧民点校：《四朝闻见录乙集》，北京：中华书局，1989年，第49页。

（3）点景

在官贵园林普遍大且造景丰富的情况下，对园林整体的掌握和理解除了以功能分区及线索组织为主要方法外，园内的景题也为此提供重要线索。作为点景的景题所蕴含的诗意内涵和意境想象，也正是与文人园相通的主要手法，是在园中注入文人趣味的最直接体现。不同园林里有不同的精神诉求。如临安府治正厅后有堂者三，分别匾曰："简乐""清平""见廉"。[134]这是与府治清正廉洁的气质相关的题留。而正厅之后的读书、论事之处从题留上可见轻松与惬意的气氛，如"清暑""有美""三桂"。临安府治虽说是办公之处，但其内的园林营造也是山石、花木皆俱。如库后有轩，匾曰"竹林"。轩之后室，

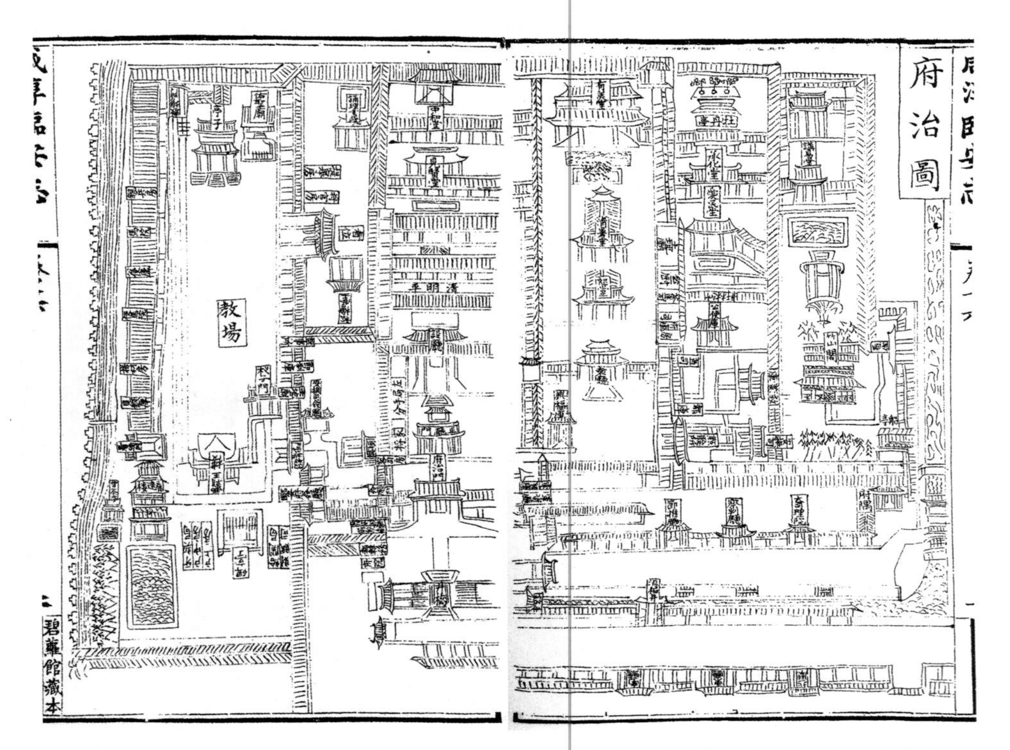

图 19　《咸淳临安志》府治图。［宋］潜说友撰：《咸淳临安志》，杭州：浙江古籍出版社，2012 年，第 648 页。

134.［宋］吴自牧撰：《梦粱录》卷十，北京：商务印书馆，1967 年，第 81 页。

匾曰“爱民”“承化”“讲易”，堂后曰牡丹亭。[135]堂后有听雨亭，左边有诵读书院。正衙门外左有东厅，每日早晚守臣，在此治事。厅后有堂者四，匾曰“恕堂”“清暑”“有美”“三桂”。（图19）

《武林旧事》写到廖药洲在西湖边的住宅时，称内有“有世禄堂、在勤堂、惧斋、习说斋、光禄斋、观相庄、花香竹色、红紫庄、芳菲迳、心太平、爱君子”。门前的桃符上题有“喜有宽闲为小隐，粗将止足报明时”的诗句。园内两小亭内分别题有“直将云影天光里，便作柳边花下看”“桃花流水之曲，绿阴芳草之间”之句。对联以及诗词题留是匾题表意的另一个延伸。此种题名缘起已久，安定郡王曾以黄柑酿酒，命名为“洞庭春色”[136]，效仿苏东坡的诗赋喜用柑橘之事，他称柑橘本来没有故事，但如果用“洞庭春色”为其命名，则意趣横生。

五、小　结

对官家和贵戚园林组合成章进行论述一直是笔者犹豫且不断反思的问题，主要的原因在于此章的归类依据。尽管看起来这一类型的园林与前章的皇家园林和后章的文人园林已经有巨大区别，但对之前园林史中几成定式的分类法的依赖成了本章写作最大的局限。福柯谱系学在对历史的研究上抛弃形而上学的连续性，看重断层、裂缝和偶然，确定细节知识等观点为笔者提供了另一种历史研究的方法，且不论采取何种分类法，基于个人经验的偏见和局限是不可避免的，那何不以自己最擅长的方式把一件事情说清楚，而不做绝对的定性。于是，便促成了这部分独立成章。

本章论述基于以下几个前提：

首先，权贵与文人园林不归为一类讨论的理由。自科举广泛实行以来，虽说有宋一代的权贵阶层不如前代那样完全把握时代的潮流，但其实这是针对其

---

135. ［宋］吴自牧撰：《梦粱录》卷十，北京：商务印书馆，1967年，第81页。
136. ［宋］邵伯温：《邵氏闻见录》卷十九，北京：中华书局，1983年，第149页。

与皇权较量而言，宋代贵族丧失了能与皇权相较量的政治能力，但在地位和财富上，权贵阶层的积累绝非靠科举进身的士大夫朝夕可就的。普通文人和权贵阶层之间的巨大鸿沟不啻其与皇家的差距。在对权贵园林进行论述时必不能把他们同文人园林归为一类。

另一方面，把官属和权贵园林组合进行论述的合理性。这取决于它们同皇室的关系，南宋直属机构的园林设置因皇帝的经常临幸而需迎合皇室品位，如上文所述的秘书省和太学，尤其为高、孝两帝所重视，它们的园林营造是官署内文人对于皇家趣味的想象和尽力满足的体现。同时，诸王贵戚们的园林与皇家园林的关系更为密切。贵族宠臣们会因得到皇帝宠信而获得皇家园林，同时，失势者的园林则会重新被收编御前。这其中趣味难免产生交融流转。

从与皇家关系的密切程度来看，官家和权贵园林也是可组合进行论述的，他们对于文人，甚至都人市民的开放性是能进行组合论述的关键。官家园林内办公的大部分都是普通文人，除皇帝的临幸外，园林大部分时候是文人们用以燕息游赏、谈经论道的场所。官员的流动性使得官署园林具有开放性并产生广泛影响。权贵则是为了拉拢具有庞大基数的文人阶层，经常于园内设宴邀游。同时，这两类园林在特定的节日开放给都人市民进行活动，使得他们的园林被广泛认知。

就官家和权贵园林本身的特点而言，第一，在思想上，它们表达了主流园林愿望，即园林中的礼仪性、文人化和皇权中心。这些特点与皇家园林一脉相承，且规模和形制不相上下。第二，造园场所的集中性。官贵们能在作为政治和经济中心的临安造园，较之于个人化、分散偏僻的文人造园，能产生持续且深远的影响。第三，它们的开放性使在吸收了皇家园林主流特征后，又能与文人趣味交杂、融糅，并对上和下产生双向影响。

另一方面，官贵奢华的园林趣味和浮夸的园林构造常为文人所诟病，由此形成了与官家权贵园林相反的园林发展趋势——一种清雅园林的品位。到南宋中晚期，官贵造园活动陷入僵化，基本停滞，以此为主体的园林也不复兴盛。而文人园林在此时发展起来，并呈现出多姿多彩和勃勃生机的特征。

第三章

以西湖为中心的文人造园

一、造园背景

南宋中晚期，士人阶层分化趋势日益明显。北宋的士大夫精英大都是集官僚、文人、学者三位于一身的复合型人才，而南宋士大夫中一部分延续了这样的特征。但能在三个方面都同步达到一定高度的人不常见，[1]如朱熹，他的身份是学者，政治上和文学上的建树就尚为一般，他的友人周必大则与此相反。文人之中的精英分子都密切联系着当代政治、经济、文化、思想的动态，既服务于统治阶级，同时又超越这个范畴，以天下风教是非为己任，表现一种理想主义的信念，扮演社会良心的角色。[2]

此时在各个领域中，士人阶层更倾向于个体意识的流露，他们虽然形成了具有共同话语基础的各种团体，但团体间划分更细。文学上兴起的洛学，发生了如叶水心所言“洛学兴而文字坏”的情况。南宋早期，无论从皇室到文人多崇苏氏。到乾淳年间，朱学兴盛，“朱氏主程而抑苏，吕氏《文鉴》去取多朱意，故文字多遗落者”[3]。很多文人皆崇性理，发扬程氏兄弟的理学而贬低艺文。另有一部分文人则如刘克庄所云：“自义理之学兴，士大夫研

1. 王水照：《南宋文学的时代特点和历史定位》。转引自何忠礼主编：《南宋史及南宋都城临安研究（上）》，北京：人民出版社，2009 年，第 476 页。
2. 周维权：《中国古典园林史》（第三版），北京：清华大学出版社，2008 年，第 12 页。
3.［宋］周密撰，张茂鹏点校：《齐东野语》卷十一，北京：中华书局，1983 年，第 202 页。

深寻微之功，不愧先儒，然施之政事，其合者寡矣。”士夫文人们都以“雅流自居”[4]，而不屑于俗事，这里的俗事是指各种生活常理之事，学问在生活里被束之高阁。同时，作为传统文化主体的儒、道、释三大思潮，都处于一种蜕变之中。儒学转化成为新儒学——理学，佛教衍生出完全汉化的禅宗，道教从民间的道教分化出向老庄、佛禅靠拢的士大夫道教。[5]

在文学和艺术上，则出现更多不同层次的文人投身于创作。据唐圭璋所辑《全宋词》统计，在所收作家籍贯和时代可靠的873人中，北宋227人，占26%；南宋646人，占百分之74%，后者约为前者的3倍。这是文学兴盛的一方面例证。园林作为密切结合文学与绘画的艺术形式，此时在文人间的营造也远超前代。园林诗与园记作为一种文学体裁翔实记载了造园这一饱含文人精神的艺术行为。这是一个自由创作的时期，从文学到艺术到园林，从皇家到官贵到文人。相对于皇家和官贵园林，文人园林具有典范的性质，往往被后代引为园林艺术创作和评论的标准。随着市民阶层的勃兴，市井的俗文化逐渐深入民间造园活动，也形成园林艺术的雅俗并列、互斥，进而合流融汇的情况。[6]

当时临安城市的情况像其他地方的大城市发展一样，由于人口、商品和官府的集中，居民在生活中产生了对北方、旧都汴京及乡村生活、自然山水深深的眷恋。但是除了早期占有土地的贵族外，普通的士夫文人几乎不可能再去重新占有土地造园。在临安为官文人也经常需要借住他处，比如其他官员家中，“邢太尉孝扬，初南渡，寓家湖州德清驿。湓隘不足容。谋居于临安甚切。得荐桥门内王太尉宅，……尽室徙之”[7]。还有租房居住的，如《夷坚志》所载：“淳熙癸岁，张晋英源自西外宗教授，入为敕令删定官，挈家

4.［宋］周密撰，吴启明点校：《癸辛杂识》后集，北京：中华书局，1988年，第95页。
5. 周维权：《中国古典园林史》（第三版），北京：清华大学出版社，2008年，第261页。
6. 同上，第12页。
7.［宋］佚名：《异闻总录》卷四，徐益棠《南宋杭州之都城的发展》，《中国文化研究会刊》第四卷（上），1944年，第244页。

到都城，未得官舍，就路将士屋暂住。……不数月徙去，而黄景亨涣自滁州来，为大学录，复居之。"[8]即使租住的地方也经常是一拨人刚走，一拨人就接上。当时临安的旅馆发达，很多时候是为官考学的文人所用，如"李生将仕者，吉州人，入粟得官，赴调临安，舍于清河坊旅馆"[9]的描述，常见于宋人笔记文献。

虽湓隘不足居，但是临安西湖仍是大部分读书人的向往之地。曾有人问去西湖旅游的江西秀才："西湖好否？"他说："甚好。"又问："哪里好？"他回答道："青山四围，中涵绿水，金碧楼台相间，全似著色山水。独东偏无山，乃有鳞鳞万瓦，屋宇充满，此天生地设好处也。"[10]当时西湖"金碧楼台相间""屋宇充满"的情形在外来者眼中仍是格外诱人，立志入仕的文人们也不会因为居住条件的狭隘，而放弃理想回归耕读，他们更倾向于城居。这是一个"朝隐"和"市隐"观念产生的时代，正像林顺夫指出的那样，那曾经是"贵族所专有"的，而这时已在上层社会中迅速散布。[11]洪迈（1123—1202）写道："士大夫发迹垄亩，贵为公卿，谓父祖旧庐为不可居，而更新其宅者多以，复以医药弗便，饮膳难得，自村疃而迁于邑，自邑而迁于郡者，亦多矣。"[12]从医学和饮食供应角度表明文人城居的原因，但更重要的是文人仍怀抱与君王共治天下的情怀，他们并不愿意远离都城，园林理想的抒发则多选择去近都城地或出生地营造别业，或投射到诗文和绘画上。当时在朝为官的士大夫文人家乡大都在江南农村。

由于南宋园林的实体早已难觅踪迹，诗歌和绘画上的描述成了佐证和重构当时园林的重要留存，诗画虽有想象成分，但大部分以现实为基础。如

8.［宋］洪迈撰，何卓点校：《夷坚志》支乙志卷八，北京：中华书局，1981年，第859页。
9. 同上，补卷八，第1618页。
10.［宋］周密撰，吴启明点校：《癸辛杂识》，北京：中华书局，1988年，第191页。
11.［美］高居翰：《诗之旅：中国与日本的诗意绘画》，洪再新、高士明、高昕丹译，北京：生活·读书·新知三联书店，2012年，第41页。
12. 洪迈：《容斋随笔·续卷》十六《思颖诗》，北京：中华书局，2005年，第415页。

钱钟书在《谈艺录》中引《毛诗正义》第二六写："诗文之词虚而非伪。"[13]《珊瑚网》评价马远的绘画作品时写道："世评马远画多残山剩水，不过南渡偏安风景耳。"[14]画家与观者所见皆是同一景物，不同的也只是观照的思想和角度而已。刘巧楣曾对晚明苏州艺术家题有古诗联句的立轴画做了有价值的研究。她注意到，即使是复古主题绘画中，园林和庄园在设计及细节上都符合画家所生活的那个时代的样式，而非想象重构那些更早时代的园林的面貌。[15]

绘画对生活场景的描述其实也是表达一种大家想要看到的场景，一个理想。高居翰在分析南宋后期出现的山水题材绘画时写道："贯穿于诗歌和绘画背后的信念，是意欲这样去生活的渴望，然而很少有人意识到，这也只是作为一种提神醒脑的想法存留在那些忙于经商和仕宦者的脑海中。"在诗歌和绘画的背后，实际上"更多的不是生活方式，而是理想状态，对于接纳它们的人来说，这些想法可以舒缓生活中糟糕的现实。"[16]因此，很多时候后人通过诗词绘画所建构起来的往往是当时代人理想的状态，而非现实。园林与诗歌、绘画一致，但更生活化，作为三维可进入的境域，园林依托环境、材料和技术的属性，使人们更容易把握其真实性。

寓居西湖的文人大部分无园林可造，所幸西湖山水能使他们获得对于园林想象的原型，这也促成他们虽造园在别处，却表达出有关西湖的山水意象。这样的造园活动主要集中在苏湖一带、江西婺源近浙江一带，这是南渡以后士大夫们常定居之所。以湖州为例，作为都城辅郡，首先它靠近都城，水利交通便利，再是山清水秀也成为文人们营造别业的重要基础。它的地位如同北宋洛阳之于开封，既依托于临安的政治中心之便，又能摆脱世俗事务的干扰，最重要的是有足够可以购买得到的土地，这使都城造园理想在此直

13. 钱钟书：《谈艺录》，北京：商务印书馆，2011 年，第 170 页。

14. [清] 厉鹗等：《南宋杂事诗》卷五，杭州：浙江人民出版社，2016 年，第 242 页。

15. 刘巧楣：《晚明苏州绘画中的诗画关系》，《艺术学》第 6 期（1991 年 9 月），第 33—37 页。

16. [美] 高居翰：《诗之旅：中国与日本的诗意绘画》，洪再新、高士明、高昕丹译，北京：生活·读书·新知三联书店，2012 年，第 41 页。

接得以投射和延伸。《齐东野语》称："雪川南景德寺，为南渡宗子聚居之地。"[17]雪川是湖州市内的河流，与苕溪同出天目山一脉，通常也直接以此指称湖州。

二、江南造园文脉

《南宋古迹考》对寓居临安的南宋文人住所进行过考证，至少有八十三个，他们分布在临安城内外各区。这些寓所有造园林的仅为少数，但文人们择地安居的地方自然条件很好，都能享受园林之乐。宅地有高据山间的，在俯仰顾盼间"聚山林江湖之胜于几案间"；也有傍湖而居的，无须造园自有"水拍荒篱外，山攒落照边"之景。这些宅第位置通常较为偏僻，在西湖偏远湖岸或沿线山里，还有远离城市中心的"东西马塍"及城市边缘靠近城墙处。其中，城墙由于与城市独特的亲疏关系及地势优势，一直以来都是造园者乐于选择的基址。

1. 西湖沿线湖居

西湖沿线一带密布皇家和贵戚园林，但由于"三面云山，一面城"的湖体与城市的关系，虽湖边山体已是椒楼密布，但较之于城内还是疏朗开阔许多。西湖一带由于官家的整修和维护，虽无占地造园的可能却也可借自然光景作园林活动。南宋时期在西湖沿岸居住的文人有周辉[18]、郑起[19]、杜北

17. [宋]周密撰，张茂鹏点校：《齐东野语》卷十五，北京：中华书局，1983年，第272页。
18. [清]朱彭撰：《南宋古迹考》，杭州：浙江人民出版社，1983年，第50页。称：寓，周辉（1127—1198后）在清波门前。《两浙名贤录》云：煇字昭礼，淮海人。南渡后寓居清波门南，著《清波杂志》十四卷。
19. 同上。郑起（1199—1262），水南半隐，在长桥。郑起，字叔起，原名震，号鞠山翁，连江人，宋淳祐间居湖，构室于长桥，曰水南半隐。

山[20]、葛无怀[21]、姜夔[22]、孙花翁[23]、赵紫芝[24]、刘松年[25]、岳珂[26]、徐集孙[27]、汪莘[28]、周紫芝[29]等。

这些文人多有关于西湖的诗词留存于世，诗词中的西湖山水是形成特有园林意象的关键。文人间的诗文互赠及传颂使这个意象得以广泛流转传播。杜北山的住所有周弼为其题《寄杜北山》，葛无怀的住所有赵师秀作《题葛翁小阁》、叶绍翁作《题葛无怀隐居》、周文璞作《过葛天民新居》、薛师石作《赠葛天民栽苇》等。姜夔的住所有葛无怀题《清明访白石不值》。这些诗词虽以题住宅为名，但更多的是文人的理想抒发以及对环境的情感投射。杜北山的《秋日》：

寂寥篱户入泉声，不见山容亦自清。
数日雨晴秋草长，丝瓜沿上瓦墙生。

---

20. [清]朱彭撰：《南宋古迹考》，杭州：浙江人民出版社，1983年，第51页。杜北山宅，在曲院。北山名汝能，自叔谦，太后诸孙，居西湖之曲院，有能诗声。

21. 同上，第53页。葛无怀居，在葛岭，无怀名天民，始为僧，名义铦，号朴翁，后返初服，居西湖上，有姬而人，一名如梦，一名如幻。

22. 同上，第54页。姜石帚寓，在水磨头。石帚名夔，字尧章，号白石道人，尝馆于水磨方氏。按《游览志》水磨头称为小溜水桥，在石函、圣堂两闸之中，亦名中龙闸。

23. 同上，第55页。翁名惟信，字季藩，号花翁，开封人，居婺。光宗时弃官隐西湖，据伯仁诗，起居当近苏堤。

24. 同上，第55页。紫芝名师秀，永嘉人，以诗文闻，与翁卷、徐照、徐玑号“永嘉四灵”。

25. 同上，第56页。刘松年，《钱塘志补》云：松年，画院学士，绍熙年待诏画院，师张敦礼，工人物山水，后名过于师。宁宗朝进《耕织图》，称旨赐金带，世称暗门刘，盖清波门亦名暗门。

26. 同上，第60页。岳珂，字肃之，号倦翁，武穆孙，霖之子。倦翁故居玉楮，有《初还故居》诗，按诗语在宫亭西。

27. 同上，第67页。徐集孙寓，在湖上，近北山。集孙字义夫，建安人。理宗时，尝仕于浙，西湖题咏尤多。著《竹所吟稿》二卷，其《谢林可山序诗》“不枉西湖住两年”。又有“孤山在望何时雪，闻讯梅花策寿藤”之句。

28. 同上，第68页。汪莘寓，在湖上，莘字耕叔，休宁人，卓荦负俊才。晚年结庐柳塘，自号方壶居士。稿中有《西湖闲居诗》。

29. 同上，第71页。周紫芝寓，在西湖上。周紫芝字少隐，宣城人。绍兴中，居陵阳山，著有《太仓稊米集》。

“不见山容亦自清”看似描绘了居住处的视线情况，更多的实则是隐居心态的体现。葛无怀的《自题小隐》：

水拍荒篱外，山攒落照边。
稚鸦乘犊去，鸣鸭伴鸥眠。
思淡秋云薄，情高陇月圆。
武陵知避世，初不为求仙。

“水拍”“山攒”体现了时间流逝于此的寂寥，“稚童”“鸣鸭”是对朴实生活的写意，最后总结出“思淡”“避世”的理想状态。但有些诗词也较为写实地描写环境的构成情况。如姜夔的长诗《寓居》：

湖上风恬月淡时，卧看云影入玻璃。
轻舟忽向窗前过，摇落青芦一两枝。
秋云低结乱山愁，千顷银塘不碍流。
堤畔画船堤上马，绿杨风里两悠悠。
处士风流不并时，移家相近亦相依。
夜凉一舸孤山下，林黑草深萤火飞。
卧榻看山绿涨天，角门长泊钓鱼船。
而今渐欲抛尘事，未了菟裘一怅然。

诗文前半段描绘了结庐在湖边所见到的场景，“月淡”“云过”时，感受风清，卧看芦影；明窗前、堤岸边，青芦摇落、秋云乱结。不同时刻有不同景致，有湖中月景、窗外湖景、堤岸上下及画船里的人、银塘和绿杨。后半段描绘的是隐居生活的状态。夜凉泛舟孤山、林深观萤飞舞、卧榻看山水一色、出门泊船长钓，似乎完全无视人间的繁芜杂事，而求一片悠然自得。（图1、图2）

图1　[南宋]无款，《水阁泉声图》。中国古代书画鉴定组编:《中国绘画全集6》,杭州:浙江人民美术出版社，2000年，图50。

图2　[南宋]何筌，《草堂客话图》。中国古代书画鉴定组编:《中国绘画全集4》，杭州:浙江人民美术出版社，2000年，图126。

2. 西湖沿线山居

西湖的三面山体峥嵘回绕，郁葱秀绝，山中多寺观，少人居，选择在山上造园比在湖边更清冷但也能获得更多园林乐趣。至唐始，人们便将城市私园称为“山池院”或“山亭院”[30]，有山、有池、有亭台楼榭，以此来称呼西湖山居的园林恰好合适（图3）。山居的文人有：廉布、王明清、朱熹、金渊、金一之、叶绍翁、薛梦桂、韩仲止、郑渭滨、何应龙、史达祖、董嗣杲等。

金一之的荪壁山房“在积庆山巅”。金一之名应桂，号荪壁，又号积庆山人，钱塘人。《癸辛续志》称：“西湖四圣观，每至昏后，有一灯浮水，其色青红，金一之所居在积庆山，每夕观之，无所差，凡看二十余年矣。”[31]金一之由于依附韩侂胄的权势，虽隐居山中，但仍能与当朝文人官

30. 周维权：《中国古典园林史》（第三版），北京：清华大学出版社，2008年，第153页。
31. [清]朱彭撰：《南宋古迹考》，杭州：浙江人民出版社，1983年，第51页。

图3　[南宋]无款，《花坞醉归图》。中国古代书画鉴定组编：《中国绘画全集6》，杭州：浙江人民美术出版社，2000年，图26。

员交游往来，其居虽“山房”，但亦未必不是山居园林的典型。园内可弹琴、投壶、“设图史古奇器”，与客人“抚摩谛玩，清谈洒洒”[32]。这种情况正是把书斋活动延续至园林。

有多位同代文人对金一之的积庆山居作诗描绘，如仇远有诗《赠金荪壁》：“黄纸红旗事已休，莫思入谷有鸣驺。天开东壁图书府，人立西湖烟雨楼。林浅易寻和靖隐，菊荒空忆魏公游。客来把玩新题扇，半似钟繇半似欧。”[33]写的是荪壁山房主人的隐逸想法及山林园中文人的交游。

篔房李彭老《寄题荪壁山房》词不仅描绘山居环境，更书写文人在山居的活动和感怀：

32.［清］厉鹗等：《南宋杂事诗》卷五，杭州：浙江人民出版社，2016年，第291页。
33.［清］朱彭撰：《南宋古迹考》，杭州：浙江人民出版社，1983年，第52页。

石笋埋云，风篁啸晚，翠微高处幽居。缥简云签，人间一点尘无。绿深门户啼鹃外，看堆床宝晋图书。尽萧间，浴研临池，滴露研朱。旧时曾写桃花扇，弄霏香秀笔，春满西湖。松鞠依然，柴桑自爱吾庐。冰弦玉尘风流在，更秋兰香染衣裾。照窗明，小字珠玑，重见欧虞。[34]

苏壁山房"高处幽居"，在里面可以开展"看宝晋图书""写桃花扇"等书斋活动。上文中因出现"风篁"而一度让人以为苏壁山房的位置在风篁山，但实际上这两座山为一脉，根据周密考，孙一之的寓居是在积庆山。

另外，能借景西湖山水的文人山居还有如薛梦桂、王明清、朱熹等人。薛梦桂在西湖五云山上的住所与苏壁山房一样，也是厚交诸公名士之处。薛梦贵，字叔载，号梯飙，永嘉人，宝祐元年（1253），进士及第，其人"风度清远"。他在五云山的宅园总名"方厓小隐"，内有隔凡关、林壑䆿等园林构筑。《浩然斋雅谈》写道："诸名士莫不纳交焉。俪语、古文词笔皆洒落，不特诗也。"[35]认为他是交友广泛的知名人士。

王明清的住所在七宝山，据他自述："明清厕迹跸路，假居临安之七宝山，俯仰顾盼，聚山林江湖之胜于几案间。"[36]此语与苏轼纪念欧阳修的《六一泉铭》中所谓"吾以谓西湖盖公几案间一物耳"[37]有异曲同工之妙，表达了文人内心的广阔天地。虽寓所不甚宽广，但皆可取自然万物中的精华"西湖山水"，为案台之物。

朱熹寓居西湖灵芝寺，据《四朝闻见录》："庆元二年，韩侂胄逐赵忠定，遂禁为伪学。朱文公去国，寓居西湖灵芝寺，平江木川李杞独叩请，得

34.［清］厉鹗等：《南宋杂事诗》卷五，杭州：浙江人民出版社，2016年，第291页。

35.［宋］周密撰，孔凡礼点校：《浩然斋雅谈》卷上，北京：中华书局，2010年，第15页。

36.［清］朱彭撰：《南宋古迹考》，杭州：浙江人民出版社，1983年，第50页。

37.［宋］苏轼：《中国古典文学名著百部——苏轼文集》卷一九，转引自《西湖文献集成》第十四册，北京：大众文艺出版社，2010年，第16页。

穷理之学，有了《紫阳传授》行于世。”[38]朱氏学说被禁之后，有一段时间他居住在西湖山间，按《古迹考》，后人将他故居榜曰紫阳寓居。

画院画师廉布（1092—？）也寓居吴山下。《挥麈录》写道：“廉宣仲布，建炎初自山阳避寇南来，携巨万至临安，寓居吴山下，陈通等乱，悉为劫掠，不遗一簪。”在南渡时逃亡临安，而后因为陈通叛乱，所携财物尽失，以绘画见长。《南宋古迹考》考据了汤垕《画鉴》，称：“廉布画枯木丛竹奇石，清致不俗，本学东坡，青出于蓝，自号射泽老人。画松柏亦奇，杭州龙井板壁画松石古木二真，得意笔也。”[39]

叶绍翁[40]（1194—？）的东庵，在钱塘门外九曲城边。他有自题诗“茔多邻居少”，据《南宋古迹考》考：“九曲城去菩提院不远，此地为南宋火葬之所，贵家甚多，故自题诗有‘茔多邻舍少’之句。”[41]周瑞臣《题叶靖逸东庵》：“一庵自隐古城边，不是山林不市廛。落月半窗霜满屋，卧听宰相去朝天。”可知，东庵的位置在山林和行政中心之间的位置，但也是个较清净的近山林之地。

3. 东西马塍一带

东西马塍位于市郊，专为植花艺木之地，有临安最大的养花之圃。就居住而言，略显萧条，是士人大夫近城隐居胜地。《西湖游览志》写：“东西马塍，在溜水桥北，以河分界。并河而东，抵北关外，上为东马塍。河之西，上泥桥、下泥桥至西隐桥，为西马塍。”[42]五代时，原是钱王养马之

38.［宋］叶绍翁撰，沈锡麟、冯惠民点校：《四朝见闻录》戊集，北京：中华书局，1989年。
39.［清］朱彭撰：《南宋古迹考》，杭州：浙江人民出版社，1983年，第50页。
40. 绍翁字嗣宗，号靖逸，建安人。他所撰《四朝闻见录》是考察南宋高宗、孝宗、光宗、宁宗四朝事迹的重要文献。
41.［清］朱彭撰：《南宋古迹考》，杭州：浙江人民出版社，1983年，第53页。
42.［明］田汝成撰：《西湖游览志》卷二十二，杭州：浙江人民出版社，1980年，第240—241页。

处，因畜有三万多匹马，而被称为“海马”，这也是“塍”称呼的来源。《西湖游览志》称：

> 钱塘邑屋丛犇数十里，至为重楼以居，委巷若哄市，人气滃郁为溽雾。城西山水清旷，而笙歌粉黛，上下无空日。夫杭东南奥区，芬华之所族，而幽静者之所处也。城北有村曰马塍，居民多业艺花，土沃俗质，聚近而垓远。至元间，句曲外史来栖焉，为阁四楹，桂卉丛植，旁有长松数十章，落落如高人。湖上之山腾伏阁外，盖得冲览之会者。[43]

当时临安人口繁密，建造“重楼”居住的情况也不少见，城内长年如赶集般喧嚣杂闹。东西马塍与市中心不远，能够看到西湖边上的山脉。同时，由于艺花植木的需要，这个地块需要留出疏散的空间，因而比城内更加开阔舒畅。

这一带住着宋器之，他于嘉熙丁酉（1237）五月因城内居住环境的潮热而侨房西马塍，他在《寓西马塍》中写道：

> 十亩荒林屋数间，门通小艇水湾环。
> 人行远路多嫌僻，我得安居却称闲。
> 樽酒相忘霜后菊，一时难尽雨中山。
> 何时脱下浮名事，只与田翁剩往还。

“十亩荒林”在当时作为都城的临安看起来非常难得，又有“水湾”环绕，表明了这是个有水、有林，适合隐居生活的地方。吕伯可[44]也寓居西马

43.［明］田汝成撰：《西湖游览志》卷二十二，杭州：浙江人民出版社，1980年，第240—241页。

44. 伯可，名午，歙县人，嘉定进士，官至起居史院，著《竹坡类稿》。

塍，他有诗《马塍花窠》：

老子西塍住，今逾十载期。
栽花成茂树，种柳长高枝。
移接从渠巧，传夸到处知。
担头挑买去，一一是趋时。

赵振文寓在城北厢，按《咸淳临安志》：城北厢厅在北关外，近西马塍。

叶适（1150—1223）作长诗《赵振文在城北厢两月，无日不游马塍，作歌美之，请知振文者同赋》赠他，这首诗提供了东西马塍一带的园林景象。诗曰：

马塍东西花十里，锦云绣雾参差起。
长安大车喧广陌，问以马塍云未识。
酴醿缚篱金沙墙，薜荔楼阁山茶房。
高花何啻千金值，著价不到宜深藏。
青鞋翩翩乌鹤袖，严房引前金蒋后。
随园摘蕊煎冻酥，小个移床献春酒。
陈通苗传昔弄兵，此地寂寞狐狸行。
圣人有道贲草木，我辈栽花乐太平。
知君已在苕水住，尽日橹声摇上渚。
无际沧波蓼自分，有情缘浦鸥偏聚。
追逐风光天漫许，抛掷身世人应怒。
君不见南宫载宝回，何如赵子穿花去。[45]

诗中描述了“花十里”的苗圃场景，人处其间可忘却“长安”的车马之

45.［清］朱彭撰：《南宋古迹考》，杭州：浙江人民出版社，1983年，第49页。

喧。酴醾花结缚成篱笆，有金黄的土墙，薜荔爬满了楼阁，山茶装饰房屋。在花间树林中的生活可以摘蕊煎酥，可以随坐饮酒。从“有情缘浦鸥偏聚”中可见，志趣相投的文人颇属意在此雅聚。

4. 石灰桥等城中数地

石灰桥一带有范成大、周必大、李德远等的住宅，如《南宋古迹考》中所说的“知当日此地，必多官寓也”[46]。虽多有高官居住，但文献中都很少有造园记录。寓所周边的环境根据范成大的《次了先生吴中见寄》中“官居门巷果园西，桃李成荫杏压枝”可知，有较多果园林地，另一首《客中呈幼度》诗：

> 手板头衔意已慵，墨池书枕兴无穷。
> 酿泥深巷五更雨，吹酒小楼三面风。
> 草色有无春最好，客心去住水长东。
> 今朝合有家书到，昨夜灯花缀玉虫。

诗中出现的“小楼、三面风、花、虫，”都是一派宜居景象，但“深巷”“吹酒小楼”也指明了此处为城中住宅的密集区。

另有一部分文人居住于清湖河，清湖河是当时临安城中主要水道之一，其水源自西湖，苏轼《请开河奏状》曰：“今西湖水，贯城入以于清湖河者，大小凡五道（一暗门外斗门一所，一涌金门外水闸一所，一集贤亭前水笕一所，一集贤亭后水闸一所，一菩提寺前斗门一所。”据《玉照新志》称，宣和末，清河湖“东西两岸，居民稀少，白地居多”。在南宋时，张九成、凌季文、杜仲高、武适安等居于此处。

46.［清］朱彭撰：《南宋古迹考》，杭州：浙江人民出版社，1983 年，第 50 页。

杜仲高有诗《旅馆书怀，呈陈秘监》二首写道："结楼临交河，虚檐映疏棂。朱阑俯长衢，开帘出娉婷。"可见当时清湖河的居住区以河为界，屋外就能见到"娉婷"美景。

武适安也居住在清河湖边，因他所居处有池亭竹木之胜，所以将住所命名为适安，且以此自号。武适安《次韵答菊庄汤伯起》写道：

数方蔬地一方池，吾爱吾庐只自知。
芦碧补交杨柳缺，柽红搀上藕花迟。
翠阴团合疑无日，凉意萧疏剩有诗。
君欲重来须更待，嫩烟浮动晚晴时。[47]

屋宇园林不大，是在临安居住的文人普遍情况，但仅是"数方蔬圃"及"一方池"之地，也已经是格外值得珍惜而细致处理。如将"芦草""杨柳"间隔种植，"柽红""藕花"相映生辉，满园"翠阴"避暑，而成诗意。

杨万里（1127—1206）住在在蒲桥，在现在的盐桥东。《梦粱录》称："盐桥东一直不通水旱，桥名蒲桥，今桥已塞，改名蒲场巷。"他的诗《幼圃》有提到在家住宅园地狭隘的情况：

蒲桥寓居，庭有刳方石而实以土者，小子孙艺花窠菜本其中，戏名幼圃。寓舍中庭劣半弓，燕泥为圃石为墉。瑞香萱草一两本，葱叶薤苗三四丛。稚子落成小金谷，蜗牛卜筑别珠宫。也思日涉随儿戏，一径惟看蚁得通。

虽只是"半弓"大的小庭院，在城中也是难得。园中有"圃石"作小矮墙，种一两本萱草，三四丛葱苗，老幼于其间享天伦之乐。

47.［清］朱彭撰：《南宋古迹考》，杭州：浙江人民出版社，1983年，第59页。

南宋临安城居文人的住所都较为紧凑而极少有园林营造，所幸当时临安城市建设较为完善，居所外随处可见园林意象，这在他们对自己住所环境描述的文字中依稀能见到。

在朝中担任官职的文人无法直接在西湖的湖山环境中造园，他们就到近处的一些城市营造园林别业，或待致仕退休后，回到故地造园养息，因此，形成了以西湖为中心的江南造园热潮，如在湖州一带、苏州一带，以及江西南部、浙江大部分地区等。

在陪都吴兴（湖州）的造园是对临安居住地缺少园林的遗憾的重要弥补。吴兴城中有“二溪横贯”，独特的地理条件，使这里成为除西湖以外的江南另一个造园中心。周密写《吴兴园圃》时，这里早已过了兴造园圃的盛世。

周密的《吴兴园林》对南宋湖州造园情况做了一个较为详细的统计。文中列举除安僖秀王府之外的三十六个园林。这些园林的主人无一不是在朝为官的文人、士大夫、郡王及其后人或族人。杨万里《山居记》写道：“身居金马玉堂之近，而有云峤春临之想；职在献纳论思之地，而有灞桥吟哦之色。”[48]表达了士夫文人虽身在朝堂，而心早已在追求园林闲趣。

三、江南造园实践

1. 范成大[49]（1126—1193）园林

范成大的造园活动开始于他致仕退休回到家乡石湖，他造园、养梅、编写《梅谱》。《梅谱》虽记养梅、种梅之事，但因范成大所写之梅皆为其自家园林中所栽培，写梅实际上也描述出大量园林的场景，反映着当时文人士

48. ［宋］杨万里撰：《山居记》，选自《全宋文》卷五三五四，第353页。

49. 范成大，字致能，早号此山居士，后号石湖居士，吴郡（今江苏苏州）人。绍兴二十四年（1154）进士，官至参知政事。与杨万里、陆游、尤袤合称南宋“中兴四大诗人”。

大夫对园林所寄寓的观念及相关的造园手法。作为文学家，范成大与陆游、尤袤、杨万里并称为南宋“中兴四大诗人”，写下了流传甚广的诗词作品；作为身居高位的官员，他在宦海旅途多年，也留下了诸如《揽辔录》（残卷）、《骖鸾录》（一卷）、《吴船录》（一卷）、《桂海虞衡志》等多部旅途笔记。其中以《骖鸾录》所记载园林考察活动最多。《骖鸾录》写成于南宋孝宗乾道八年（1172）十二月七日，记录了范成大从家乡苏州出发，赴广南路桂林，就任静江府尹所经沿途的情况。他一路游览了许多名胜和名园，其中包括了石林、大玲珑、小玲珑、左顾亭、城山、钓台、报恩寺、海马寺、超鉴堂、桃花台、琵琶洲、干越亭、滕王阁、许真君观、清江台、乡林、盘园、玉虚观、仰山、南岳庙、衡岳寺、胜业寺、石鼓山、合江亭、回雁峰、浯溪中兴颂碑、愚溪、严关、灵渠[50]等，并对其中的一些做了详细考察，他有关园林的书写最为人所熟知的是《范村梅谱》及《范村菊谱》。

范成大在临安的住宅并没有园林可造，据记载，作为都城的临安住宅用地十分紧张，寓居杭州城内的官员有一二间房屋可住已颇为难得。范氏在临安的住所相传在枣木巷，清代时的钱塘门驻防营内。[51]因该处地有桥名石灰，也叫石灰桥，后因范成大（范氏号石湖）寓于此处，亦名石湖桥。范成大在自己的诗作《次了先生吴中见寄》中写道：“官居门巷果园西，桃李成荫杏压枝。”

范成大在老家吴江石湖度过了十几年闲适的晚年生活，他实现园林理想的地方是在石湖，位于具区（今太湖）之东。他在一篇园记中写道，因自幼偏爱林泉之乐，少年时“长钓游其间，结茅种树”[52]，到淳熙六年（1179）归老之时，[53]已然“成趣”，成为他造园的基础。范成大共造过两个园林，

50.［宋］范成大撰，孔凡礼点校：《范成大笔记六种》，北京：中华书局，2002年，第35—36页。

51.［清］朱彭撰：《南宋古迹考》，杭州：浙江人民出版社，1983年，第48页。

52.［宋］范成大撰：《御书石湖二大字跋》，选自《全宋文》卷四九八三，第370页。

53.［宋］范成大撰：《重九泛石湖记》，选自《全宋文》卷四九八四，第397—398页。称：“淳熙己亥重九……，今年幸甚，获归故国。”

“范村”与“石湖”，一个是傍宅园，另一个是湖景园，代表了那时的造园典型。在此二园中范成大留下大量诗词和笔记，淳熙十三年（1186）写下了描绘隐居生活的《四时田园杂兴六十首》。

有关石湖园营造的记录比较丰富，不仅包括范成大自己的笔记，同时代多位文人也提到过石湖园。如南宋晚期的周密在《齐东野语》中就写道：“文穆范公成大，晚岁卜筑于吴江盘门外十里。盖因阖闾所筑越来溪故城之基，随地势高下而为亭榭。”[54]介绍了范成大的园林构建在了在吴江盘门外十里的地方，以“来溪故城”为基础，园林里多有名花美木，并建造了“农圃堂”对望楞伽山，堂内有南宋孝宗为他题写的“石湖”之匾，还有“北山堂”“千岩观”“天镜阁”“寿乐堂”及其他多个亭宇，一时名士会集，“篇章赋咏，莫不极铺张之美”[55]。

范成大经常偕同友人一起游赏石湖园，从他几次游览记录中，我们可知石湖不仅是一个园林，它的范围极大，有着以山为势、以水为依的大片自然空间。石湖园造景仿效临安西湖之景。范氏在淳熙六年（1179）重阳节游览石湖园时，写下了：

> 挂帆遡越来溪，源收渊澄，如行波黎地上。菱华虽瘦，尚可采。舣棹石湖，扣紫荆，坐千岩观下。菊之丛中，大金钱一种，已烂漫浓香……其傍丹桂二亩，皆盛开，多栾枝，芳气尤不可耐。[56]

可知，园中有千岩观、菊丛、大金钱、丹桂二亩等植物造景。园林游览活动先是赏花，再攀登入太湖周边的自然山林。“携壶度石梁，登姑苏后台，跻攀勇往，谢去巾舆筇杖。……山顶正平，有拗堂藓石可列坐，相传为

54.［宋］周密撰，张茂鹏点校：《齐东野语》卷十，北京：中华书局，1983 年，第 178 页。
55. 同上。
56.［宋］范成大撰：《重九泛石湖记》，选自《全宋文》卷四九八四，第 397 页。

吴宫闲台别馆所在。”[57]登至山顶，在相传吴王别馆处，享受作为景观最高点的风光。山顶所见之景“前湖光接松陵，独见孤塔之尖，尖稍北，点墨一螺为昆山。其后，西山竞秀，萦青丛碧，与洞庭林屋相宾。大约目力百里，具登高临远之胜。”[58]园林美的感受在此时达到最高峰，使人忘却了究竟是身在园林，还是在无垠旷野。范氏笔记中也提到他的好友翰林院周充等人在游览石湖园的场景。周充在他的壁间题字“登临之胜，甲于东南”。[59]同行友人们认为，虽然被称绝一时的名园“乡林、盘园”声名远播，但却完全没有石湖得天独厚的自然山水之趣。

范成大的另外一处园林是“范村”。与“石湖”不同，这是个傍宅园，紧邻家宅之侧，更便于闲隙时燕息游赏。范氏在《梅谱》序中记载了“范村”[60]园地的获得与营造过程。

该园建于“绍熙初元，庚戌”[61]。范成大告老还乡后在宅第南侧买下邻居王氏的房舍，拆除了原来有七十楹之大的房屋后建成。范成大用园中的三分之一地种植梅花，他称：“梅，天下尤物，无问智贤愚不肖，莫敢有异议。学圃之士，必先种梅，且不厌多，他花有无多少，皆不系重轻。”[62]认为不论智贤或愚笨之人，都是爱梅的，造园首先要学会种梅，而且无论种了多少也不嫌多。相比之下，其他花的多少都是不重要的。

关于将园取名为“范村”的原因，范氏称此源于杜光庭（850—933）所撰《神仙感遇传》所写之事，一个迷途凡人不小心进入得道升仙者后人所居住的世外桃源所引发的一系列感叹。故事里“范村”内的环境便是范成大造园的参照。

57.［宋］范成大撰：《重九泛石湖记》，选自《全宋文》卷四九八四，第 397 页。
58. 同上。
59.［宋］范成大撰，孔凡礼点校：《范成大笔记六种》，北京：中华书局，2002 年，第 50—51 页。
60. 同上，第 253 页。“余于石湖玉雪坡，既有梅数百本，比年又于舍南买王氏僦舍七十楹，尽拆除之，治为范村，以其地三分之一与梅。吴下栽梅特甚，其品不一，今始尽得之，随所得为之谱，以遗好事者。”
61.［宋］范成大撰：《范村记》，选自《全宋文》卷四九八四，第 399 页。
62.［宋］范成大撰，孔凡礼点校：《范成大笔记六种》，北京：中华书局，2002 年，第 253 页。

圃中作重奎之堂，敬奉尊寿皇圣帝、皇帝所赐神翰，勒之琬琰，藏焉。四傍各以数椽为便坐，梅曰陵寒，海棠曰花仙，酴醾洞中曰方壶，众芳杂植曰云露，其后菴庐曰山长。盖瓦不足，参以蓬茅，虽不能如昔村之华，于云来家事，不啻侈矣。[63]

园内中心建筑物是“重奎”之堂，为敬奉皇室祖先之所，内藏有孝宗皇帝为其所御书“石湖”的牌匾，该牌匾原在他的石湖园“农圃堂”内。重奎堂四面设有檐廊，可供“便坐”。园中专门为梅、海棠、荼蘼等观赏植物，立“陵寒”“花仙”“方壶”等亭洞，另有倡导简朴农耕生活的“蓬茅”。

2. 陆游（1125—1210）园林

陆游，字务观，号放翁，越州山阴（今浙江绍兴）人，是我国文学史上首屈一指的大文学家之一，被誉为南宋中兴四大诗人之一。他书写编撰了大量的文学作品，包括近万首诗词和几部笔记文献，诗稿由他自己生前编辑成册，以《剑南诗稿》为名存世，还有《渭南文集》五十卷，《老学庵笔记》十卷，《南唐书》十八卷，成为后人阅读了解那个时代最重要的材料。陆游一生交游广泛，师徒挚友遍及南宋文坛，有范成大、杨万里、曾几等，还包括皇室贵族及朝廷权臣，如张镃、韩侂胄等。陆游一生的仕途在他倡议收复北地的主张下颇为不顺，入蜀八年，又有几年分别担任严州和行在（临安）的小官职，他大部分时间在家乡山阴（即现在绍兴地区）领祠禄赋闲。陆游作品主题非常丰富，包括生活上的种种见闻、经历、情感，以及感怀各种山川河流的景观，在其当世就有很高的评价，他作品中有关园林的书写和表达是建构那个时代园林现场的重要遗产。这些文字有一部分是他对自己和他人园林的评价，以及他眼里优秀园林所应具有的品质特征。另一部分则是

63.［宋］范成大撰：《范村记》，选自《全宋文》卷四九八四，第399页。

关于他自己的园林营造实践。可以说，这些诗词、园记是他园林审美的体现和表达。

陆游自己所营造的园林不多，主要就是他的园宅，三山别业和石帆别业。他为此所写的诗词、园记，如《东篱记》等详尽地交代了园林的择地、构造、园内的建筑、树石、理水。他的园林代表了那个时代文人园林营造的典型。与他所书写的《南园记》不同，由于所处环境条件的不同及财力不足的条件限制，营造时所采用的手段和方法都大不相同。由此可以看出，以陆游为代表的南宋文人对于自己园林理想的实现所采用的园林营造手段，以及作为自娱自乐场所园林的期许。

陆游在临安的居所因为只有两间，被其戏称“烟艇”[64]。幼时居所为其祖宅，成年之后便少有居住，其间园林营造也可忽略不计，他的园林生活主要在三山别业展开，他在晚年营造了石帆别业，但所有的记载寥寥。唯有三山别业，陆游在其间生活了四十多年，为别业书写了不计其数的诗词，这些诗词足以建构起一个园林的完整形象。

有关三山别业的研究，目前做得最详尽的是邹志方的《陆游研究》中的“三山别业”章节。三山别业在乾道己酉（1165）开始营建，在乾道丙戌（1166）年入住。陆游在这里生活了三十余年，在《春尽遣怀》[65]等多篇诗词中都有写到。三山别业有十几间房，他在诗词中经常抱怨因人口多而居所不够用。主人老少十余口，加上佣仆，确实不甚宽敞。陆游自己的书房也经常是仅容“一几”或“四人”等情况，还有几个儿子各自的书房。因此。三山别业作为主要生活起居的场所，从严格意义上来讲不能称为园林，但他在宅院东、西、南、北隙地间的造园、营园的行为显得特别珍贵且有意趣。

在选址上，三山别业坐落在有山有水之地，择地的讲究，镜湖边的环境考量，甚于园地本身的营造。所谓三山，则是东山、西山，位于别业两侧，

64.《陆游全集校注 9 · 渭南文集校注》，第 427 页。

65.《陆游全集校注 4 · 剑南诗稿校注四》卷三四，第 368 页。

正堂曰兼山，傍曰石林精舍，有承诏、求志、从好等堂，及净乐庵、爱日轩、跻云轩、碧琳池，又有岩居、真意、知止等亭。其邻有朱氏怡云庵、涵空桥、玉涧，故公复以玉涧名书。大抵北山一径，产杨梅，盛夏之际，十余里间，朱实离离，不减闽中荔枝也。[122]

该园除依附山林所独有的石景之外，主要的构筑为各类建筑，按不同的功能分别有兼山、承诏、求志、从好等堂。"堂以抒志，亭以寄情"，石林中建有传道解惑的堂，较之于同时代其他园林更多，还有作为观景之用轩、亭，如爱日、跻云、岩居、真意、知止等，以及讲求佛禅修行的"石林精舍"和静乐庵。

关于园内景物设置的路线，范成大《骖鸾录》给出了详尽的描述：

……自此入山。松桂深幽，绝无尘事。过大岭，乃至石林。则栋宇已倾颓，西廊尽拆去，今畦菜矣。正堂无恙，亦有旧床榻在凝尘鼠壤中。堂正面下山之高峰，层峦空翠照衣袂，略似上天竺白云堂所见而加雄尊。自堂西过二小亭，佳石错立道周。至西岩，石益奇且多。有小堂曰承诏。叶公自玉堂归守先垅，经始之初，始有此堂。后以天官召还，受命于此，因以为志焉。其旁，登高有罗汉岩，石状怪诡，皆嵌空装缀，巧过镌铲。自西岩回步至东岩，石之高壮礌砢，又过西岩，小亭亦颓矣。叶公好石，尽力剔山骨，森然发露若林，而开径于石间，亦有自他所移徙置道傍，以补阙空者。[123]

虽其时"栋宇已倾颓，西廊尽拆去"，但仍能见"正堂无恙"，在堂前所见到的景象犹如当时临安的上天竺白云堂之景，"层峦空翠照衣袂"。堂两旁有亭，"佳石错立道周"。范成大文中写到，由于叶公爱石之心，对自

122.［宋］周密撰，吴启明点校：《癸辛杂识》，北京：中华书局，1988年，第5—12页。
123.［宋］范成大撰，孔凡礼点校：《范成大笔记六种》，北京：中华书局，2002年，第42页。

然山体上的石头都精心挑选，加以修整重置。造园不仅借用自然的景观加以改造，并且对自然不足之处“自他所移徙置道傍，以补阙空者”。

周密称叶氏石林“在霅最古”[124]，但在周密所处的时代，叶氏石林早已没于蔓草，影响不复存在。乾道八年（1172）范成大在《骖鸾录》中描绘了游览石林的情景，已称：“盖棺未几，而其家已不能有，委而弃之灌莽丛薄间。”[125]较叶少蕴在世著书说道之时的“四方学士闻风仰置，如璇玑（北斗星）景星”[126]的场景可谓判若两处，当时慕名的文士甚至称此处“如仙都道山，欲至不可得”。

叶公身后，石林迅速荒芜，一部分原因是距离城市较远，如范成大所言“或谓此地离人太远，岑蔚荒虚，非大官部曲众多者难久处”[127]，另一部分原因则是名声浩然的园林存在绝非仅靠园林本身的营造，更需要依靠的是园主人为官为学的身份和造诣。

4. 周必大[128]（1126—1204）平园

周必大在临安的住宅与范成大一样，也在石灰桥，这是根据他为李德远所写的诗句中“长安城中初结绶，石灰桥畔还卜邻”[129]之句而得。说明当时周必大和李德远在石灰桥为邻。

周必大在绍熙甲寅（1194）回到故乡庐陵，乔迁新居。据《蜀锦堂记》记，新居原为贡院旧址。周氏在宅第东边买数亩地造园，因该处地势平坦，而取园名为“平园”，也因此自号“平园老叟”。该园“种海棠数百株，

124.［宋］周密撰，吴启明点校：《癸辛杂识》中的《吴兴园圃》，北京：中华书局，1988年，第12页。

125.［宋］范成大撰，孔凡礼点校：《范成大笔记六种》，北京：中华书局，2002年，第42页。

126. 同上。

127. 同上。

128. 周必大字子充，初字弘道，自号平园老叟，吉州庐陵（今江西吉安）人。绍兴二十七年（1157）进士及第，授徽州司户参军。官至左丞相。《宋史》有传。他与陆游、范成大、杨万里等都有很深的交情。

129.［宋］周必大：《省斋稿·送光禄寺丞李德远请春祠》，转引自《南宋古迹考》，第49页。

蟠根老干，强徙以来。中为堂三间，南向，重檐承溜，东西两荣”[130]。园中以海棠为主要造景元素，有一堂取名“蜀锦堂”，既是比喻园中之花景如蜀锦，也是自喻在朝奉三代君王，而“花满锦城”。周必大在庆元庚申（1200）所作《玉和堂记》详述造园目的和园中构造：

> 春为青阳，夏为朱明，秋为白藏，冬为玄英，四气和谓之玉烛，此格言也。今夫佳花美木在天壤间，气和而后生。人皆知春时为然，不知和气所钟，无时无花也。老叟即辟敝庐东为平园，园西北隅隙地坦然，乃距北垣五十弓余二肘为堂三间。南置唐虞二典阁，背为流杯亭，其深四丈二尺，博三丈七尺，崇二丈有奇。敞扉而凉，塞向而燠，可以纳四时之和气。散植红梅、辛夷、桃、李、梨、杏、海棠、荼蘼、紫荆、丁香，冠以牡丹、芍药，此春景也。前后两沼，碧莲丛生，东则红芰弥望，榴花、萱草杂置其间，此夏景也。岩桂拒霜，橘、柚、兰、菊盛于秋，江梅、瑞香、山茶、水仙盛于冬，时花略备矣。至如佛桑、踯躅、山丹、素馨、茉莉之属，或盆或槛，荣则列之，悴则彻之，而种植未歇也。始造于庆元庚申七月戊辰。[131]

平园的格局依园记中所述南北向。在距北墙五十弓的位置造堂三间，名玉和，进深、广度和深度分别大约14米、12米和7米。弓为丈量单位，一弓为五尺，一尺相当于33厘米。此堂距离北墙有75米。堂之南有阁，此阁储藏饶舜典籍。堂的北面，是流杯亭。堂前后由两个池沼，种植莲荷。根据四时不同，园中有不同的景致可赏，春天可赏各色花木，夏天可赏与水景，秋天可赏兰、菊，冬天又可赏梅、茶花、水仙等，冬天的花木欣赏以盆植和以槛植为主，开花时，列之欣赏，枯败时便撤去。（图4）

130.［宋］周必大撰：《蜀锦堂记》，选自《全宋文》卷五一四九，第 234 页。

131.《全宋文》卷五一五〇，251 页。

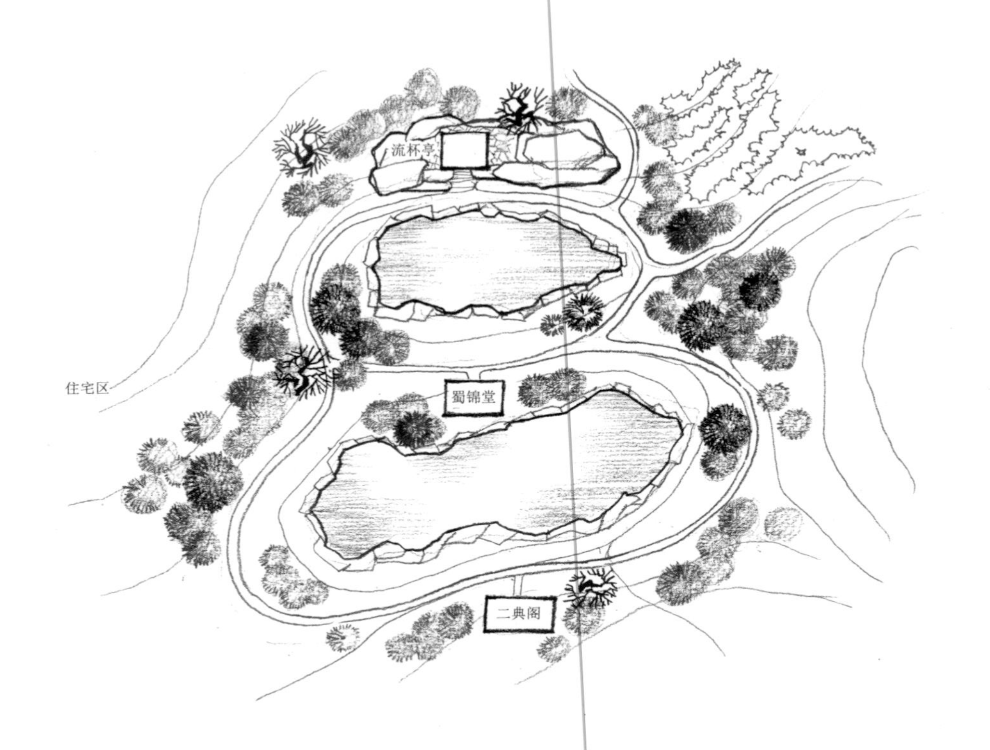

图 4 平园复原想象平面图（由笔者绘制）

5. 沈作宾（生卒年不详）北村

沈作宾字宾王，吴兴归安人。庆元初，官至淮南转运判官，官至户部尚书，《宋史》有传。

《吴兴园圃》[132]记："沈宾王尚书园，正依城北奉胜门外，号北村。"园中凿五池，三面皆水，极有野意，后又名"自足"。园内有灵寿书院、怡老堂、溪山亭、对湖台，尽见太湖诸山。叶水心（1150—1223）曾认为，天下山水之美，吴兴为第一，他作《北村记》中称：

132.［宋］周密撰，吴启明点校：《癸辛杂识》前集，北京：中华书局，1988 年，第 8 页。

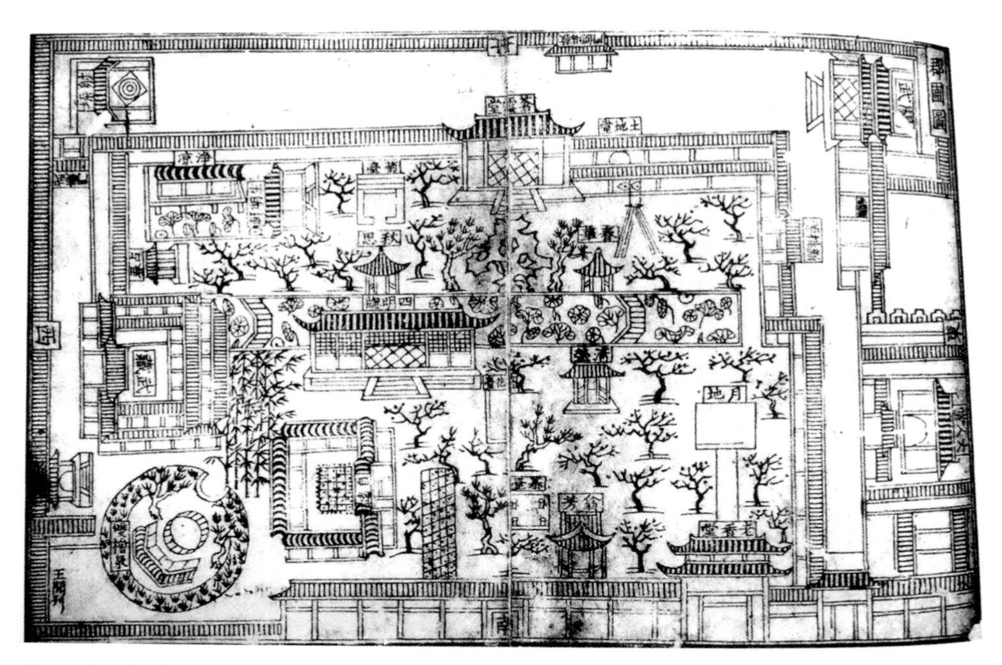

图 5　宋刻本《宝庆四明志图》郡圃图。姜青青：《咸淳临安志·宋版“京城四图”复原研究》，上海：上海古籍出版社，2015 年。

宋刻本《景定建康志》府廨图中绘制的住宅在官署以东，主要厅堂有锦绣堂、忠勤楼、嫁梅阁等。东侧有一片面积很大的园林，可见莲塘、曲桥、亭阁楼榭等，也是难得一见的园林平面图文本。（图7）

这些图提供了园林大致方位、大小、比例关系，深究其中，则可见园林的分区与路线组织的内涵，但园林美的体验和情感完全无法从中获得。园林作为多方面兼顾的艺术形式，在任何单一佐证材料面前都显得单薄。图形、绘画、文字语言应共同配合才能构成园林本身所能提供的意象。

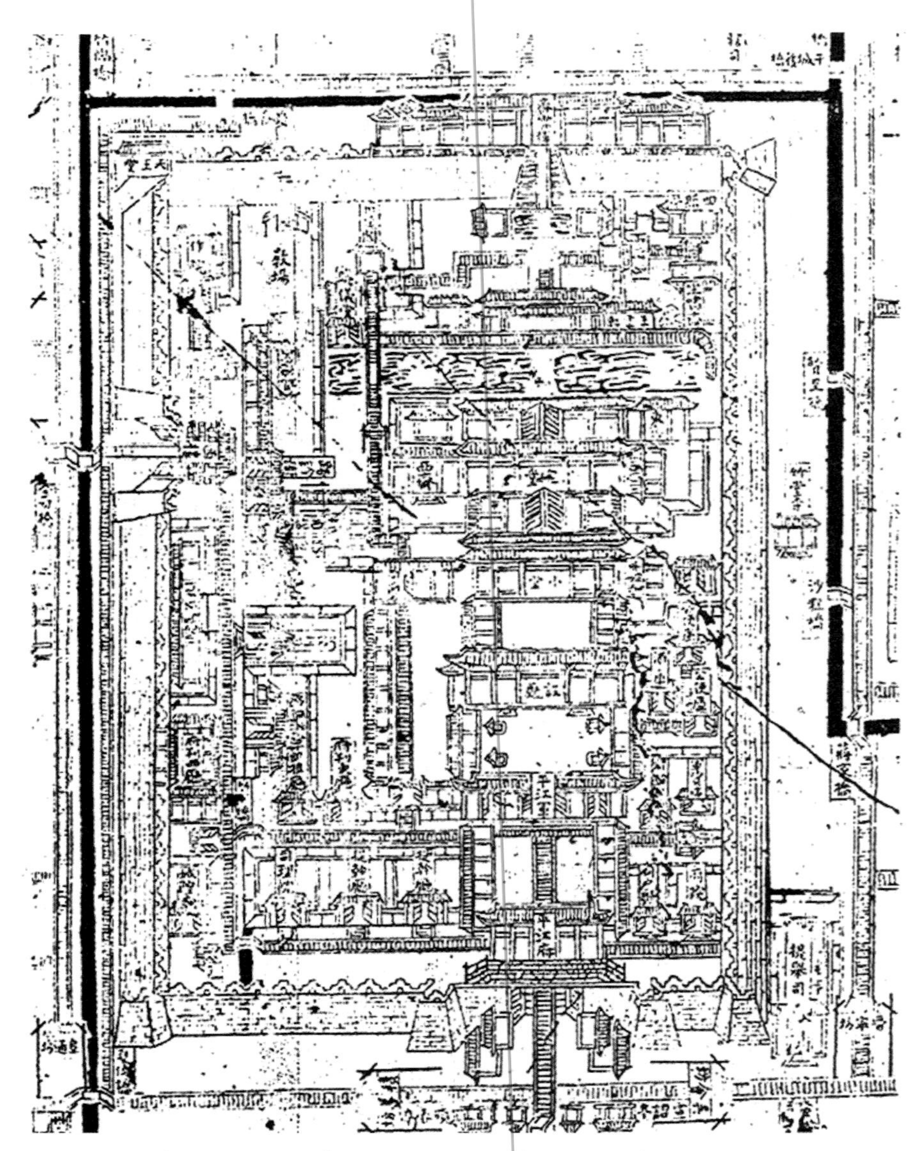

图 6　宋刻本《平江府成图碑》。郭黛姮主编：《中国古代建筑史第三卷宋、辽、金、西夏建筑》，北京：中国建筑工业出版社，2009 年，第 615 页。

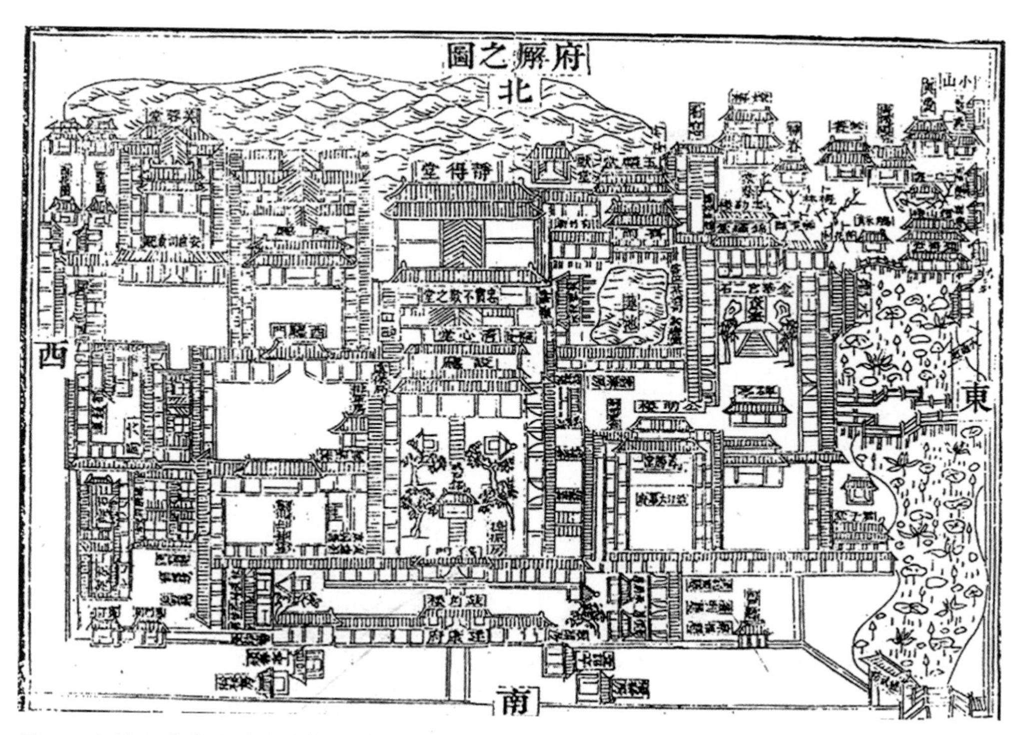

图 7　宋刻本《景定建康志》府廨图。郭黛姮主编：《中国古代建筑史第三卷宋、辽、金、西夏建筑》，北京：中国建筑工业出版社，2009 年，第 616 页。

四、园林营造特点

很大程度上文人造园是呼应着文人追思山水的文化。受儒家“天人合一”哲理影响的文人们，发现了大自然山水风景之美。而美的山水风景经过人们的自觉开发，揭开了早先的自然崇拜、山川祭祀所披覆其上的神秘外衣，以其赏心悦目的本来面貌而成为人们品玩的对象。于是，逐渐在士大夫的圈子里滋生热爱大自然山水风景的集体无意识，从而导致游山玩水活动。[143]园林则是游山玩水活动的进一步延续，园林种种在另一个角度上模拟、表现自然。

文人们一方面通过寄情山水的实践活动取得与大自然的自我协调，对之倾注纯真的感情；另一方面结合理论的讨论深化对自然美的认识，去发掘、感知自然风景构成的内在规律。文人对自己的处境感怀时所表达的超然心态是造园的另一个主题。隐逸并不意味着消极散漫，更多的是文人对自身处境有了认知后，进一步修养以应对俗世的方式。

1. 园林理想：兴德与隐逸

通过对《全宋文》进行全面考察可知，以园记命名的园林书写并不多见，很多园记实际融入包括堂记、轩记、亭记等其他记体中，我们姑且都称其为园记。园记中大都有文人们对仕途抱负的表达，对隐逸生活的设想，以及与志同道合的友人之间交流渴望的抒发。王十朋（1112—1171）《岩松记》描述了他在书院园林中养松而成园趣之事：

> 野人有以岩松至梅溪者，异质丛生，根啣拳石，茂焉匪孤，森焉匪乔，柏叶桧身而松气象焉，藏参天覆地之意于盈握间，亦草木

143. 周维权：《中国古典园林史》（第三版），北京：清华大学出版社，2008 年，第 15 页。

之英奇者。予颇爱之，植以瓦盆，置之成小室，稽古之暇，寓陶先生郑先生之趣焉。[144]

他将松树种植在瓦盆内，专门用一个小房间放置，读书之余，追寻古人的志趣。仔细考察事物，并赋予人化性格是当时普遍的治学处事态度，园林营造也如此，一盆松便可独成一片气候，产生一个园林的意象。

（1）兴德与比德

文人造园常有“德”的追求，并以特定事物如竹、松、菊等的品质来表达自己的道德追求。这样比德的园林行为在明清园林中是为常见，实则是源自南宋理学对事物的态度和处理方式。范仲芑《盘溪记》文中写道：

予惟山林富贵，二者莫或得兼，富贵而或羞焉，求人以涂之人恕我不可得；而山林之乐，苟多取之，尚不为贪。人情常以自恕，擅壑专林而不知止者有矣。然自汉以来，柴桑、辋川，仅以一二名于天壤，他皆泯灭至不得其处。则凡致意于烟霏草木之间而人品或非者，此又可以欺世也欤！惟君深于学问，持满而未发，既其入仕，精力未及于衰，视世之夸华，悠然无以易之，处阴息影，休其毂而不悔，非徒以枯槁宿名也，是可书。[145]

文中感叹从汉代以来的园林营造，仅有柴桑、辋川等一二处留其名，其他都已不知在何处，而认为园林如果仅因园主人的人品而流传后世太为牵强，对园林的期待其实应该是当文人精于学问，优于人品时，入仕持满而不发，退息而又能享悠然自处的状态。

对待相同的事物，文人也能获得关于“德”的不同解读，韩元吉

144.［宋］王十朋撰：《岩松记》，选自《全宋文》卷四六三五，第 115 页。

145.［宋］范仲芑撰：《盘溪记》，选自《全宋文》卷五八〇〇，第 140 页。

（1118—1187）认为其友人赵彦秬、周锡称自己的住宅为“竹隐”是不恰当的，因为竹子虽“佳美”，却不应引以为“隐”。用竹子来代表的君子更应有积极的入世态度，他写道：

> 竹则佳矣美矣，然隐非吾子事也。吾闻古之所谓隐者，谓其时命之大谬而不可以出也。今子以帝族之贤而圣明在上，一试而得官，再试而暂踬，然子之论议卓然益高，文辞蔚然益华……予曰：古之所谓友者，岂惟同志之谓，盖亦友其德也。竹之志不得而通，抑其德有似于君子欤？今夫春而华，夏而茂，秋而成且实，冬而复其根，则固草木之常也。惟竹为不然，以拱把之姿而怀金石不渝之操，以寻丈之材而蕴松柏后凋之节。虽葩卉艳发，澹然不为之迁；雪霜沍严，挺然不为之槁。依乎山巅，放乎水涯，气凌云霄之上，舞佳月而啸清风……惟竹之德有似于君子，故愿吾子友之。[146]

文中认为“百余”竿竹列之前的斋，不应取名“竹隐”，竹子的“澹然”“挺然”的品德是入世之德，有竹子般气节的君子必然要为世之所用。而“隐者”是由于“命之大谬”而不可以出世。由此看来，文人们面对同一件事物“竹”，都有全然不同的解读，对园林中其他事物也是如此，每个人都会生发出适合自我比德的说法。

范成大写《水竹赞》以石和竹喻人，他所赞誉的则是“辟谷吸风、姑射之人”，是如道士般隐逸之人，他写道：

> 竹君清癯，百昌之英。伟兹孤根，又过于清。尚友奇石，弗丽乎土。濯秀寒泉，亦傲雨露。辟谷吸风，姑射之人。微步凌波，洛川之神。蝉蜕泥涂，同于绝俗。直干高节，此君之独。棐几明窗，

146.［宋］韩元吉撰：《竹友斋记》，选自《全宋文》卷四七九八，第207—208页。

不受一尘。微列仙儒，其孰能宾之！[147]

范成大另一篇《菊谱》序以“菊”来比君子，称其“傲睨风露”是幽人逸士的节操，虽“寂寥荒寒”而不改其乐。同时，因菊的医药价值，更称其行花中“君子之道”，列举了历代爱菊人士，以证此说。

故名胜之士，未有不爱菊者，至陶渊明尤甚爱之，而菊名益重。又其花时秋暑始退，岁事既登，天气高明，人情舒闲，骚人饮流，亦以菊为时花，移槛列斛，辇致觞咏间，谓之重九节物。此非深知菊者，要亦不可谓不爱菊也。[148]

南宋文人以物比人，进行比德的做法非常普遍，不同的物被赋予不同的品格，相同的物也能被投射以不同的品格，即使其中的理解千差万别，但有一点达成共识，那便是对“德行”“品质”的共同追求。人格化的物在园林中广泛使用，园林也成为比德和兴德的重要场所。

（2）隐逸

尽管文人都有积极的出仕思想，但不遇于时的情况也经常出现，他们对自己的处境所表达的超然心态是文人园林的另一个主题。隐逸思想并不是消极散漫，更多是对自身处境的认知和修养提升后对更高境界的探索。摆脱了儒家“君子比德”的单纯功利、伦理附会，园林以它的本来面目——一个广阔无垠、奇妙无比的生态环境和审美对象而呈现在人们的面前。[149]文人们一方面通过寄情山水的实践活动取得与大自然的自我协调，对之倾注纯真的感情；另一方面结合理论的讨论深化对自然美的认识，去发掘、感知自然风景

147.［宋］范成大撰：《水竹赞》，《全宋文》卷四九八五，第415页

148.［宋］范成大撰，孔凡礼点校：《范成大笔记六种》，北京：中华书局，2002年，第269页。

149. 周维权：《中国古典园林史》（第三版），北京：清华大学出版社，2008年，第119页。

构成的内在规律。

潘畤（1126—1189）在营造他在浙江上虞的一个园林时，用陶渊明“性本爱丘山”与杜子美“月林散清影”之句作为造园主题。他称：每志斯言，他日作舍，环竹而居者，必榜以“月林”，面山为堂，必榜以“爱山”。援引杜甫和陶渊明的诗词入园是投身隐逸最直接的表达。他书写的园记交代了自己入仕三十七年，“颓然无意于世”，由此择地造园：

> 淳熙丁酉七月，五夫别墅之左右，得旷土二十余亩，北抵徐山。山虽不高，其来甚远，至是而止。依以为堂，如屏风然。面值南山，色润可爱，两山拱接，若为宾主者。明年二月，始定诛茆之技，首为爱山堂、月林堂，尽望南山之胜……余年六十有三，入仕凡三十七年，凡所居官，不敢苟且，及为监司，为帅臣，以为一有不善，被害者多，往往竭思虑，疲精神，故血气顿衰，而疾病以生，因颓然无意于世……[150]

有园林的隐居生活清雅而丰富，在池边山间可以听鱼跃鸟鸣，可以弹琴作曲、赏花品茗、信笔诗书，随心所欲：

> ……有时闻池中鱼跃，或山间鸟鸣，忽然有觉。旧能弹琴三十曲，一行作吏，浸废不理，今如隔世矣。家藏二琴颇佳，常置清风峡、爱山堂，兴来辄作数声，亦复欣然有得于心，不自知其不能为琴也。诸小亭游赏各有所宜，时作小诗题壁间，随所欲言，信笔直书，不复苦思以事雕琢。浮香阁，邻里相过，止具香茗清谈而已。或过午，则折莲取菱芡、瓜果以侑村醪，杂坐茂树修竹间，有杜陵“共醉终同卧竹根”意味。[151]

---

150. ［宋］潘畤撰：《月林堂记》，选自《全宋文》卷四九九三，第 111 页。
151. 同上。

园林的构筑在该记中亦非常清楚，有“诸小亭”，有“浮香阁”，有“菱芡”“瓜果”“茂树”“修竹”。

王十朋以其父之口表达了对隐逸的感悟，称：

> 丈夫之于世，穷达之道不同，而其所乐一也。季子之金印、买臣之书锦、长卿之驷马、何曾之万钱，古之人得志于当时者之所乐也。灵运之山水、渊明之琴酒、北山之猿鹤、谪仙之影月，古之人不遇于时者之所乐也。吾非不欲为得志者之所为，而慕穷者之所乐也。富贵有命，不可幸而致，甘心贫贱者，士之安于分而乐其生，吾之所当行也。[152]

认为与士大夫们“穷达之道”不同，得志于时的人可获得财权乐趣，而于世所不遇的人也能得到山水之乐，谢灵运的山水、陶渊明的琴酒、李白的影月都是在世外山水所得之乐，并无不宿命论地提出了“富贵有命”之说。

王炎（1138—1218）的《东园记》称：“微官缚人，下不足为己乐，上不足为亲娱，吾其归哉！”转向“伯传幅巾野服，萧然于其中，华光翠竹足以侑献酬，溪风山月足以供吟啸”。直接说出了不遇于世的苦恼，即不能为自己所乐足，也不能使亲人获得更多快乐，不如退官，去享“渔樵”之乐。当时的文人都喜欢在园林里营造一种自然山野的状态，园主经常穿着山野村夫的服饰，在园内悠然自得过田园生活，这种园林意象从上一章所说的诸王贵戚园到本章的普通退隐文人园都是如此，实在是一个时期的风尚。（图8、图9、图10）

152.［宋］王十朋撰：《四友堂记》，选自《全宋文》卷四六三五，第110页。

图 8　［南宋］无款，《槐荫消夏图》。中国古代书画鉴定组编：《中国绘画全集 6》，杭州：浙江人民美术出版社，2000 年，图 70。

图 9　［南宋］无款，《蕉荫击球图》。中国古代书画鉴定组编：《中国绘画全集 6》，杭州：浙江人民美术出版社，2000 年，图 90。

图 10　［南宋］无款，《盥手观花图》。中国古代书画鉴定组编：《中国绘画全集 6》，杭州：浙江人民美术出版社，2000 年，图 93。

2. 园林活动：修身、燕息、雅集

与比德和隐逸思想相关的园林生活通常表现在文人自觉提高自身修养的活动中，其中包括在园林中读书、作画、鉴古、雅集交流等。洪咨夔（1176—1236）的《善圃记》写道："小亭曰'讬根'，耻独为君子也。出与世接，和则易流。"认为不独为君子，不独善其身，而善天下。园林的营造也要有这样"不独为己"的精神投入，他的善圃：

> 两山夹峙，小溪中贯，并溪原谷旷平，宜耕畬，因庐焉。屋后竹可二十亩，左右皋壤鳞属，葺为小圃，揽溪山为我有。入圃畦蔬环小庄，曰"垄亩"，世田可耕也。稍行，结屋三间，曰"读书处"，世书可读也。又稍行，潴沦漪为莲沼，亭其中，曰"君子"，读书求为君子也。又稍行，桃李与梅错植，小亭曰"讬根"，耻独为君子也。出与世接，和则易流。屋篔筜深处曰"节堂"，直哉清矣。清易至于隘，必辅以通。循曲水辟径，曰"通溪"。溪尽，海棠数十本，堂曰"天富"，贵修其天爵，非以要人爵也。少折，着亭柳阴，曰"早归来"，达当知止，穷亦不失归根复命之理也。能如是，然后不遗臭于世。筑台丛桂旁，曰"垂芳"，以厚终也。[153]

从入园种植菜蔬的小圃开始，称其"垄亩"，以期待世代有田可耕；稍行，有"读书处"，期待世代有书可读；再行，则为"君子"亭，这是因为读书之后便可成为"君子"；又稍行，则是"讬根"亭，认为"君子"不应独为君子，而应与世相和；再行则是"节堂"；最后沿着溪流，一直通达"垂芳"亭。这是园林的终点，也是洪氏所认为的，循此路径，则人也可以"厚终"。

153.［宋］洪咨夔撰：《善圃记》，选自《全宋文》卷七〇一二，第239页。

修身之意贯穿于整个园林营造，从修身的基础“读书”，到要成为的“君子”，再到安身立命的“讬根”，最后，“垂芳”留名，皆是修身所为。

为径取名也反映了题名的普及性，不仅是对建筑构造题名，对径、溪、田等都会题名，使诗意贯穿园林，以诗的结构引导园的结构、主次关系、疏密关系，诗意的表达和情绪的控制都能从以诗题名中得到。人为地给园林诗意的构造，同时引导游园之人的诗意遐想。

修身从另一个角度来讲，也可以认为是一种虽隐居也要自足自律的表达。幸元龙（1169—1232）记东平（今上海崇明地区）赵季明的园林时，称：“吾圃之所植皆吾之天趣也。否则圃自圃耳，吾何乐焉？”[154]表达了园林之为自己养乐而不能拿其他标准进行衡量，否则，则成为限制自己的地方了。他的另一篇《松垣东西宇南北阜兰薰堂记》所写是他致仕后，回江西老家构筑园林之事，造园都以陶渊明的思想和隐居诗句作为模板。记中称：

> 东宇拟渊明之北窗，虚闲高枕，逍遥义皇之上。西宇拟渊明之南窗，寄傲容膝，栖迟柴门。左右筑小埠，种梧竹扶疏，傍有一小溪焉。北阜拟渊明之西皋，时曳短筇，友浮鸥，听流水，一顷平田，浅水润沃。南阜拟渊明之东皋，天气清爽，幅巾飘然，登临舒啸，赋诗雪岫。阁之北架一堂，前檐栽兰四十斛。摘渊明“幽兰生前庭，含薰待清风”之句，匾曰“兰薰”。西南东北，随遇有佳趣。[155]

园中的构筑“渊明之北窗”“渊明之南窗”“渊明之西皋”“渊明之东皋”“兰薰”堂，以相同的题名来表达以陶渊明思想为模板的园林志趣，这区别于纯粹对于自然风光的享受和追寻，修身才是其目的。

刘宰为练塘（今上海青浦区）钟元达致仕退休所居之堂“野堂”前的园

154.［宋］幸元龙撰：《赵季明乐圃记》，选自《全宋文》卷六九三三，第423页。

155.［宋］幸元龙撰：《松垣东西宇南北阜兰薰堂记》，选自《全宋文》卷六九三三，第423页。

林营造写记，他称："朝奉大夫练塘钟君元达既辞通守乡郡之命，奉祠里居，思得宽闲之地种花艺果，以遨以休。"[156]称时人造园是报以朴素的生活态度，生活在其间的种种作为才是目的，较少有纯粹为造园而造园。当生活中有"宽闲"之地，做种花、种果树之用后，才考虑遨游休养之用。

园林另一项主要的活动是雅集。宋人认为："自古士之闲居野处者，必有同道同志之士相与往还，故有以自乐。"[157]"居野"非为独居，而必有同道之人相来往。从晋代陶渊明的诗《移居》中："昔欲居南村，非为卜其宅。闻多素心人，乐与数晨夕。"写到的卜宅不为其他，是为"素心人"，到"邻曲时往来，抗言谈在昔。奇文共欣赏，疑义相解析"中的选择南村为居住地，皆因为有相与交往之人。唐代杜甫在锦里与南邻朱山人交往时，写诗云："锦里先生乌角巾，园收芋栗不全贫。贯看宾客儿童喜，得食阶除鸟雀驯。"李白也写诗表达对友人间交往的追求，他在《寻鲁城北范居士误落苍耳中》诗写道："忽忆范野人，闲园养幽姿。"又写："还倾四五酌，自咏猛虎词。近作十日欢，远为千岁期。风流自簸荡，谑浪偏相宜。"这些诗句都表明古人认为园林的乐趣还需要有友人相交往可得。（图11）

南宋文人对于雅集的理解，首先是仰慕前代文人的雅集活动，如周密写道："前辈耆年硕德，闲居里舍，游纵诗酒之乐，风流雅韵，一时歆羡。"[158]后来的仰慕者将雅集场景的想象都绘制成图画，互相传阅称颂，但真正有雅集行为的并不多见。相传："唐有香山九老，集于洛阳；宋至道九老，集于京师；至和五老，留铊睢阳；元丰洛阳耆英会；（北宋）吴兴六老之会，则庆历六年集于南园。吴中则元丰有十老之集。"[159]这些雅集都会聚一代名仕，在南宋成为人们赞赏、"仰止"的活动，并以此作为自己造园和开展园林活动的目标。

156.［宋］刘宰撰：《野堂记》，选自《全宋文》卷六八四三，第113页。
157.［宋］罗大经撰：《鹤林玉露》卷之一乙编，北京：中华书局，1983年，第134页。
158.［宋］周密撰，张茂鹏点校：《齐东野语》卷二十，北京：中华书局，1983年，第366页。
159. 同上。

图 11　［南宋］刘松年，《博古图》。《台湾故宫书画图录》，台北：台北“故宫博物院”，1989 年，第 12 页。

《梅谱》的编写始于范成大。范式《梅谱》内罗列了十二种梅花，大部分植于“范村”。十二种梅花的枝干、花叶的形态、习性及培育方式皆不相同，如江梅，“遗核野生，不经栽接着。又名直脚梅，或谓之野梅。凡山间水滨，荒寒清绝之趣，皆此本页。花稍小儿疏瘦有韵，香最清，实小而硬”，是“荒寒清绝”趣味的代表，花香最为清雅。又如早梅，“花胜直脚梅。吴中春晚，二月始烂漫，独此品于冬至前已开，故得早名”[195]，因为在冬至前盛开，所以称之为“早梅”。

把梅作为主景进行欣赏的案例也首次出现在范成大的《骖鸾录》中，他在游览西南的盘园时，见到作为主景的“龙梅”，且园内的其他配置都是为梅而作，他称：“去成都二十里有卧梅，偃蹇十余丈，相传唐物也，谓之梅龙，好事者载酒游之。”[196]“梅龙”枝叶生长开来有十余丈，吸引着众多文人骚客携酒游玩。宋代的一丈折合成现代度量尺寸是3.168米，以此推算，龙梅的枝冠有三十多米的直径。范成大在笔记中还写道：

> 在清江酒家有大梅如数间屋，傍枝四垂，周遭可罗坐数十人。任子严运使买得，作凌风阁临之，因遂进筑大圃，谓之盘园。余生平所见梅之奇古者，惟此两处为冠。随笔记之，附古梅后。[197]

该“龙梅”由任子严所买，为了展示此梅，他作凌风阁在一傍，由此造出了当时“甲于东南”的名园。盘园内的景物：

> 梅后坡垅畇畇，子严悉进筑焉。地广过芗林，种植大盛，桂径

195.《四库全书总目》，转引自范成大撰，孔凡礼点校：《范成大笔记六种》，北京：中华书局，2002年，第254页。

196. 同上，第255页。

197. 同上。

> 梅坡，极其繁芜。但亦乏水，当洼下处作池积雨水而已。[198]

范氏文中清楚交代了古梅的发现、求买，以及为梅造园的过程。文中所称梅“盘结如盖，可覆一亩”，现在看来是很难想象的，但由于源自范成大纪实笔记，又具有极高可信度。为梅造园，首先仅作高楼“凌云阁”，可俯瞰古梅。后又扩张园林营造，在梅后筑“坡垅”，内有桂径、梅坡，“极其繁芜”。唯独“但亦乏水”，仅低洼处有雨水汇集成的水坑，是该园的遗憾处。

有关梅的欣赏标准，范氏《梅谱·后序》详细写道：

> 梅以韵胜，以格高，故以横斜疏瘦与老枝怪奇者为贵。其新接稚木，一岁抽嫩枝直上，或三四尺，如酴醿、蔷薇辈者，吴下谓之气条。此直宜取实规利，无所谓韵与格矣。又有一种粪壤力胜者，于条上茁短横枝，状如棘针，花密缀之，亦非高品。近世始画墨梅，江西有杨补之者尤有名，其徒仿之者实繁。观杨氏画，大略皆气条耳。虽笔法奇峭，去梅实远。[199]

梅是以“横斜疏瘦”和“老枝怪奇”为贵。相反，“嫩枝”、形态“直上”、如酴醿或蔷薇的，则被认为是“气条”，只能用作采摘果实和做材料；“茁短横枝”遍布花朵的，又“非高品”。从“画梅”的角度来看，范成大认为扬无咎的“画梅”形态上即使做到“笔法奇峭”，但距离最高品的梅还是很远。

张季长演《赋梅》自序云：“余往岁和任子渊梅花诗，有云：‘梦随影瘦溪横月，诗与香深竹拥门。’”[200]梅与诗、香、竹共同营造出文人的生活情趣，在此已不独强调梅的高洁品质，而更是多样的文人生活和精神特征。

198.《四库全书总目》，转引自范成大撰，孔凡礼点校：《范成大笔记六种》，北京：中华书局，2002年，第50、51、260页。

199. 同上，第258页。

200.［宋］叶寘撰，孔凡礼点校：《爱日斋丛抄》卷三，北京：中华书局，2010年，第59页。

如该文中又提及，梅“无人寂寞为谁香”“梦破香随浅笑来”，从嗅觉上强调一种空寂、浅淡的生活态度。

由于赏梅的兴盛，在对梅的选择和培育上有了很大的发展。范成大称，作为独立欣赏之用的古梅在会稽（今浙江绍兴）最多，四明（今上海）、吴兴（今湖州）略产。古梅中的一种“苔梅”，形态独特“枝樛曲万状，苍藓鳞皴，封满花身。又有苔髯垂于枝间，或长数寸，风至，绿丝飘飘可玩”[201]。他曾尝试将会稽产的苔梅移植到吴兴，梅身上的苔仅长了一年就全脱落殆尽。

周密所写《石庭苔梅》称在宜兴县西边名为“石庭”的十余里地，产古梅、苔藓“苍翠宛如虬龙，皆数百年物也”[202]。

> 有小梅仅半尺许，丛生苔间，然著花极晚。询之土人，云：“梅之早者皆嫩树，故得春最早；树老则得春渐迟，亦犹人之气血衰旺，老少之异也。”此说前所未闻。梅间有小溪，流水横贯，交午桥下多小石，圆净可爱。时有散花鸟及人物者。近世以来，则有骑而笠者，盖天地之气亦随时而赋形，尤可异也。[203]

这指的就是苔梅。那时人们对于园林植物的地域性特征已有清晰的认知。现在看来，同处于浙江地界的杭州和湖州，在当时却被认为是有一江之隔的巨大差异。吴兴的地理属性更近于当时的姑苏，属于太湖流域的土地。苔梅在临安和会稽能长出苔，而移植去吴兴就剥落了，正所谓“风土不相宜”。地理属性不仅对植物，对人也同样会产生相应的影响。

洪咨夔东圃以梅为造景主要元素，他调查了其他植物的习性，并总结了与梅共同造景的可能性。

201.［宋］范成大撰，孔凡礼点校：《范成大笔记六种》，北京：中华书局，2002年，第255页。
202.［宋］周密撰，吴启明点校：《癸辛杂识》，北京：中华书局，1988年，第191页。
203. 同上。

> 旁种竹数十箇，忍者戕，馋者揠，惧其不能与梅俱久。梅下蔷薇，整整就列，可编以为屏。萱菊成窝，隐映陆续。水仙芍药，必火于求，分培其根使丰硕，乃能多华。金沙酴醾，上荫恶木，援昌条而升之，萎蕤下饰，庶几恶者亦转而良。因洼疏沼，荦淖毓莲，随种即葩药，殊快人意。[204]

文末他写“筑亭其中，表以‘百花头上独主梅’”，声称虽然园中景物繁复多样，梅仍是最主要表达园林性情的植物。他也谈到了园中其他植物的养护经验，如牡丹，“须笼护以防鹊啄”；岩桂，需要数年才“繁盛”；小松“高不能寻丈”；等等。

当植物作为园林主要的造景元素时，会讲究植物在四季的不同特征的，并用其他元素配合造景。《野堂记》中写道：“桃、杏、李、来禽，列植区分，以竞春妍；而殿之以金沙、酴醾、牡丹、芍药，红蕖冒水，嘉菊临霜，以适炎夏，以称秋清；而江梅、山茶、松、杉之植，亦以备岁寒之友。”[205]常与梅共同造景并具有同样气质特征的植物有“菊”，范成大称：“爱者既多，种者日广。”[206]

南宋临安盛产的桂，也称木樨。文人们从形态和嗅觉角度给予了极高的评价，杨廷秀木犀诗：“系从犀首名干木，派别黄金字子今。”以黄金相类比。魏了翁的《鹤山集》：“虎头点点开金粟，犀首累累佩印章。明月上时疑百传，清风度处越黄香。”[207]从“点点”“累累”的形态，到“金粟”“印章”的比喻，再到香味的悠远等角度赞扬了桂。陆游称：“楚辞所谓桂，数见于唐人诗句及图画间，今不复见矣。属山僧野人试求之。”认为人们所说的木樨并不是桂，并列举李德裕《平泉草木记》中所说的桂的三个

204.［宋］洪咨夔撰：《东圃记》，选自《全宋文》卷七〇一一，第222页。

205.［宋］刘宰撰：《野堂记》，选自《全宋文》卷六八四三，第113页。

206.［宋］范成大撰，孔凡礼点校：《范成大笔记六种》，北京：中华书局，2002年，第269页。

207.同上，第74页。

品种：

> 其一红桂树，云此树白花红心，因以为号。其一月桂，云出蒋山，浅黄色。其一山桂，云此花紫色，英蘂繁缛。三者未详孰是。

他认为桂只有三种，而木樨不属此列，他题诗称颂了桂的形态和香味：

> 丹葩绿叶郁团团，消得姮娥钟广寒。
> 行尽天涯年八十，至今未遇一枝看。[208]

叶寘引《尔雅》称："梫，木桂。郭景纯注：白华不言丹紫也。"他认为木樨就是桂，并且引孙少魏《东皋杂录》写道："自邵州至全州，道傍多岩桂，冬初花发，芬郁特异，俗谓之九里香，又谓之木犀，以其文理黑而润，殊类犀角也。此谓冬初花发，固由土气有异。"[209]叶寘通过确认木樨与桂的开花时间、形态、颜色和香味，认为它们是同一品种。这是南宋文人格物求学精神的形象反映。

南宋培养植物的技术已经达到了"侔造化，通仙灵"的境界，能做到人为地提早或延迟花期。如果能让花早开，则称其为"堂花"，方法是"纸饰密室，凿地作坎，编竹置花其上，粪土以牛溲硫磺，尽培溉之法"。[210]先造一个密不透风的房屋，凿出一条条坎，如何往坎中加热水，用扇子扇风，过一夜便能开花。桂花的方法则相反，要使桂花开花，则要放在暑气不能到达的地方。吹凉风，养清气，第二天也能开花。周密见此种种做法，也不禁感慨。

208.［宋］陆游撰，《陆放翁全集》诗集卷五十一至九十九首，《四库全书》影印版。

209.［宋］叶寘撰，孔凡礼点校：《爱日斋丛抄》卷五，北京：中华书局，2010年，第111页。

210.［宋］周密撰，张茂鹏点校：《齐东野语》卷十六，北京：中华书局，1983年，第304—305页。

余向留东西马塍甚久，亲闻老圃之言如此。因有感曰：草木之生，欲遂其性耳。封植矫揉，非时敷荣。人方诧赏之不暇。噫！是岂草木之性哉！[211]

他认为为了满足人的欣赏需求而颠倒花期是反物性的。不仅种花，还有种竹等都有各种独特的方法，可见当时造园中对植物研究的精深及造园活动的兴盛。

五、小　结

南宋大量兴起的文人阶层，在临安，在西湖边，几乎没有占地造园的可能，但这不会妨碍文人造园以西湖为中心展开。长年受西湖山水环境的浸染及对山水园林的理解是西湖之于他们的真正意义。

西湖的山水特征早期在皇家和官贵园林中被明确，他们运用且影响其中意象，文人则在此基础上进一步进行理解、转化和传播，并在别处实施，形成了一套山水园林的观念和评价标准。新兴的文人阶层亟待确立自己的话语体系，包括了对园林的话语权，他们书写了很多相关的诗文篇章，文字的传播对园林观念的明确起到了至关重要的作用。

但文人们的园林理想并不仅仅停留于此，他们仍希望能拥有自己此前已多番传颂的园林，自己营造的园林。因此，江南文人在致仕后，回到故乡或近都城的城市投入造园，并为自己及他人的园林书写了大量的园记。在这个过程中，也开始形成了独有的，区别于皇家、官贵的园林特色。那就是从诗、画中吸收不同的山水意象的呈现方式、组织结构和语言模式，并投射到园林营造中。主观化、意境化、符号化等经由文人多方面影响而形成的园林特征正是这个时期江南园林所独有的，是皇家等主流文化扎根于江南后，被

211.［宋］周密撰，张茂鹏点校：《齐东野语》卷十六，北京：中华书局，1983 年，第 304—305 页。

江南山水、文人所消解的园林特征。园林、诗、画、园记之间所具有的能产生共鸣的意象，能唤起共同感受的内容开始难以区别，甚至可以说，此时所有的艺术形式组成了文人们完整的江南山水意象，缺一不可。

第四章

江南园林的意象与呈现

文人的江南山水意象很大程度源自个体内在的，对山水自然的把握。胡适曾说：“‘意象’是古代圣人设想并且试图用各种活动、器物和制度来表现的理想的形式。”[1]讲的其实就是意象的外在形态和内在精神的关系。象，是具体存在的事物以及它存在的实体背景。《周易·系辞上》中：“圣人有以见天下之赜，而拟诸其形容，象其物宜，是故谓之象。”[2]观物取象讲的就是在意象的产生过程中，主体对事物的选择以及重新创造。意，则是强调主体的情感和主观意识，以及它对于“象”的作用过程。王世贞《于大夫集序》说：“要外足于象，而内足于意。”[3]将二者结合、统一则能对事物进行总体把握。葛应秋《制义文笺》：“有象而无意，谓之傀儡形，似象非其象也。有意而无象，何以使人读之愉惋悲愤，精神沦痛。”[4]

山水意象是中国人审美的核心内容，这同中国传统文化的特点密切相关。它们经由诗词、绘画以及园林等重新以物象显现。然而，因它们不同的表现形式则有不同的情境产生，如在绘画中产生画境，在诗词中生发诗意，

1. 胡适：《先秦名学史》，上海：学林出版社，1983年，第37页。
2. 黄寿祺、张善文译注：《周易译注》，上海：上海古籍出版社，2001年，第543页。
3. ［明］王世贞：《于大夫集序》，《弇州四部稿》卷六十四，《景印文渊阁四库全书》集部二一九，别集类。
4. ［明］葛应秋：《石丈斋集》卷三，《四库未收辑刊》第六辑第二十三册，北京：北京出版社，2000年，第78页。

在园林中则显现为园林意境。明代何景明《画鹤赋》中就说道："想意象而经营，运精思以驰骛。"[5]认为绘画是由意象的内在经营而成。王廷相《与郭价夫学士论诗书》："夫诗贵意象透莹，不喜事实粘着，古谓水中之月，镜中之影，可以目睹，难以实求是也。"[6]讲到了诗作为内在意象体现的是"盈透"。

园林的意境营造也即是呈现这一作为观念的山水意象。南宋江南园林在江南山水中把握了此间特有的意象而形成，与此同时，诗词与绘画也共享了这一意象，具有相同内在结构特征，并以不同方式呈现。因而，诗词与绘画也成了考察江南园林的不可忽略因素，以及互为佐证。

一、从北宋到南宋：江南园林观念的形成

1. 关于江南园林

"江南园林"这个概念，通常以其在地理上区别于北方园林，服务对象上区别于皇家园林而论，但却往往没有具体的时间和类型定论。童寯先生在《江南园林志》中写道："自宋以后，江南园林之朴雅作风，已随花石纲而北矣。"[7]童先生在此所说的"江南园林"，主要针对源自宋徽宗在营造艮岳寿山石时，从苏浙等地运送太湖石为叠石造园的主要材料而言。而宋代"江南园林"是否有其具体的概念和造园手法，是否有明确的地理或特征指向呢？

童先生并未对"江南园林"给出明确的定义，只在其书"现况"条中说道："南宋以来，园林之胜，首推四州，即湖、杭、苏、扬也。而以湖州、杭州为尤。"文中所提四地即是传统意义上江南地区的核心。北宋时期，"江南"在园林中属于一个观念产生的初期，这是个不稳定的意象，尤其在剧烈的朝代更替的历史事件里。

---

5. ［明］何景明：《何大复集》，中州古籍出版社，1989年，第2页。
6. ［明］王廷相著，王孝鱼点校：《王廷相集》，北京：中华书局，1989年，第502页。
7. 童寯：《江南园林志》，北京：中国建筑工业出版社，1984年，第12页。

关于“江南”这个概念本身，学界有过很多讨论。“江南”首先是一个地域性概念，早期与“江北”“中原”等概念区分、对立，范围较为模糊。尔后，由于行政区域的划分，而具有较为明确的范围，即以唐贞观年间设置“江南道”为始，“江南道”的辖境包括今浙江、福建、江西、湖南全部及江苏、安徽、湖北南部，四川东南部，贵州东北部等地区。“江南”由此便有更广泛的经济及文化上的属性。周振鹤先生认为：“江南不但是一个地域概念——这一概念随着人们地理知识的扩大而变易，而且还具有经济含义——代表一个先进的经济区，同时又是一个文化概念——透视出一个文化发达的范围。”[8]在中国古典园林研究领域，“江南”这个概念多是用于明代以苏州为中心的苏湖地区的园林研究。当代园林研究者中汉宝德首先将中国古典园林史分为四个时期，并将南宋至明末的五百年称为“江南时代”[9]。

南宋之前的文化中心在以开封为首的北方，而赵宋南渡使得整个中华文化的中心南移，少数民族统治也使得原来北方地区的文化对汉民族文化影响戛然而止。从此时直至明末，“江南”不再是地域性的概念，更多的是一个主流文化的概念。据记载，在元代政局不稳定的情况下，北方园林建设基本停滞，而“江南”地区园林有四十多处的记载，其造园的时间密度远远高于宋代。江南园林作为一种文化，从形成、延续至后世，并未如朝代更替般会突然断裂，而是绵延不绝，偶有变化。

但较为明确的是，北宋时期江南地区的园林，在还未受宋室南迁影响的情况下，并不能成为一个主流的审美意象。关于江南地区的园林记载并未有系统论述，而是零星散落在宋人笔记里。宋室南迁，以杭州为中心，苏州、嘉兴、湖州等地同时发展，才使“江南”园林作为一种特有的主流园林意象发展。上层文化与下层文化，北方造园和南方造园虽没有绝对的隔膜，但它们间的关系复杂多变，通过渗透和影响，可能会产生各种文化相互交融。包

8. 周振鹤：《释江南》，北京：生活·读书·新知三联书店，1996年，第334页。
9. 汉宝德：《物象与心境：中国的园林》，北京：生活·读书·新知三联书店，2014年，第130页。

伟民在《宋代城市研究》中说道：“以实用主义为主要特征的中国传统上层文化从来就不是一个封闭体系，它从其他文化吸纳新鲜成分——包括基层社会的称谓，古已有之，并非两宋而然。”[10]北宋时期的“江南”园林的观念，也是如此。

2. 北宋时期的“江南”园林图景

江南的园林营造始自六朝时期，实在有一段悠久的历史。然而早期的江南，处于文化的边陲，并没有显著的特色。有唐一代，中原文化鼎盛，洛阳、长安之园林君临天下，江南一带，并无有关的园林记录。迨唐衰，中原板荡，文物大受摧残，江浙一带因南唐李氏与越王钱氏自保，得偏安之局，始有园林之经营。然至北宋时，其园林仍不见有显著之特色。[11]因此，在北宋，“江南”园林与其说是一种实际的园林存在形式，不如说它是一种作为象征意义的存在，它的存在是其时代文人向往的偏远山水的投射，虽然并无特别典型的园林成为造园典范，但它已有自己独特的形式和元素，同时又从各方面影响着以洛阳、开封为代表的北宋园林的构成。（图1、图2、图3）

（1）“江南”作为山水象征

北宋之前，诗文中的江南自然山水形态早已是人所周知的图景。造园以寄情山水早已成俗。造园仿江南山水意象在宋之前已是常见，唐白居易的《冷泉亭记》首先记东南山水称以“余杭郡为最”。白氏的说法是：

春之日，吾爱其草薰薰，木欣欣，可以导和纳粹，畅人血气。夏之夜，吾爱其泉渟渟，风泠泠，可以蠲烦析酲，起人心情。山树

10. 包伟民：《宋代城市研究》，北京：中华书局，2014年，第350页。

11. 汉宝德：《物象与心境：中国的园林》，北京：生活·读书·新知三联书店，2014年，第132页。

图 1

图 2

图 3

图 1　［南宋］李唐，《烟风萧寺》。《台湾故宫书画图录》，台北：台北“故宫博物院”，1989 年，第 39 页。

图 2　［南宋］夏珪，《山居留客图》。《台湾故宫书画图录》，台北：台北“故宫博物院”，1989 年，第 201 页。

图 3　［宋］米芾，《云山烟树》。《台湾故宫书画图录》，台北：台北“故宫博物院”，1989 年，第 287 页。

为盖，岩石为屏，云从栋生，水与阶平。坐而玩之者，可濯足于床下；卧而狎之者，可垂钓于枕上。[12]

文中以四时为序，从自然的“草”“木”“泉”“风”角度描绘余杭郡的自然与场所环境，又以建筑中的构筑元素“盖”“屏”“栋”“阶”叙述了人造物与自然和谐相生的关系。“濯足于床下”“垂钓于枕上”虽然是诗词创作中艺术化的处理方式，但人与自然亲密相处，人造环境与场所交融的情况却并非虚夸，而是经由营造便可达的境界。

至宋代，相关江南风光的诗文更是层出不穷，尤以几位大文豪的影响为甚。欧阳修的《有美堂记》对当时的杭州即“钱塘”有如下描述：“若乃四

12.［唐］白居易撰：《白居易全集》卷四三，参见《西湖文献集成》第十四册，杭州：杭州出版社，2004 年，第 7 页。

方之所聚，百货之所交，物盛人众，为一都会而又能兼有山水之美以资富贵之娱者，惟金陵、钱塘。”而后因政局动荡，与“钱塘”同享盛名的“金陵”以后“见诛”，城内便“颓垣断壁、荒烟野草”。由于钱王的“纳土归宋”使得“钱塘”免此一劫，而踞江南一带经济文化之首，城内也是“邑屋华丽，盖十余万家。环以湖山，左右映带”的局面，更广泛地吸引各方宾客来此游历、修养，“喜占形胜”并“治亭榭”[13]以居。

苏轼承袭欧阳修甚爱山水之志，但他所表现的不再只是“占形胜”“修亭榭”，而是以更广博的胸怀意象化江南山水，使其成为“几案间一物”。苏轼在纪念欧阳文忠公的《六一泉铭》上有言：“公麾斥八极，何所不至，虽江山之胜，莫适为主，而奇丽秀绝之气，常为能文哲用，故吾以谓西湖盖公几案间一物耳。”虽抒写文忠公之志，但何尝不是自己情怀的表达？山水能为“文哲”所用，才是山水之志，西湖虽为自然之物，更是直抒胸臆的对象。

而苏公之后人亦承苏公之志，晁补之仿曹植《七发》《七启》，作《七述》，开篇就说：“予尝获侍于苏公，苏公为予道杭州之山川人物，雄秀奇丽，夸靡饶阜，名不能殚者……述公之言而非作业。”[14]以苏轼之言道尽杭州之美。在论及对于宫室园林的营造时，他写道：

> 杭，吴越之大都也。宫室之丽，犹有存者。其始也，削山填谷，叩石垦路，蹶林诛樾，擢筱移竹，旋缘阿丘，凭附隗隩。……上据百尺之巅，下俯亿寻之津。双阙高张，夐临康庄，门开房达，乍阴乍阳。中则复殿重楼，砂版金钩，卑高俯仰，上下明幽，峥嵘截嶭，鼎峙林列，吞云吐雾，亏见日月，宏规伟度，古旷今绝。旁

13.［宋］欧阳修撰：《居士集》，参见《西湖文献集成》第十四册，杭州：杭州出版社，2004年，第9页。

14.［清］丁丙辑：《武林掌故丛编》第三集，参见《西湖文献集成》第十四册，杭州：杭州出版社，2004年，第54页。

则曲台深闺，碧槛朱扉，鳞差阙限，奕布榱题。[15]

这是一个完整的园林书写，描述了整体环境及人为改造后的景观，虽无直接的构园叙述，但我们可从行文中知晓其宫室所附有的园林景象。“重楼”“曲台”存在于“百尺之巅”“亿寻之津”的环境里，给人宛如灵台仙苑般的想象。骈文的浮夸形式，虽不足以用来分析、描绘山水或园林的形态，但足以证明江南景致在文人心中的地位。

（2）“江南”作为归隐之地

北宋时期江浙地区所造园林多为隐退官员修身养性之所。或因被谪贬转而寄情山水，或主动归隐为养亲。苏舜钦被贬而游历山水间，定居之时，为了使居所能避暑气、养心性而构园亭于所居之侧。其记《沧浪亭记》载：“予以罪废无所归，扁舟南游，旅于吴中，始僦舍以处。”[16]以其被贬黜的心态而朝南游历，江南之地是仕途不顺之文人避世的首选，“江南”作为归隐的形象被固化而开始具有了象征意义。

沈括在《梦溪自记》里描述了自己在润州（镇江）所营园居。他以梦为名，表明了自己虽被罢黜，辗转所致，恰是去到了自己心之所念的梦中之地，他写道“恍然梦中所游之地”，所以给其园取名为“梦溪园”。

仕途沉浮，而文章长存，江南一带因其地理环境特性及偏安于一地，也成为文人雅集兴盛之地。沈括同时期在其《平山堂记》里记到欧阳修所营“平山堂”，虽是以园林迎四方名士，但雅集活动的目的“不在于堂榭之间，而以其为欧阳公之所为也”。如此表明，堂榭的构建虽以游赏为名，实际上也有更高的志趣上的追求和向往。清代的汪懋麟也写过关于平山堂的雅集，其《重建平山堂记》记载：“扬自六代以来，宫观楼阁，池亭台榭之

15.［清］丁丙辑：《武林掌故丛编》第三集，参见《西湖文献集成》第十四册，杭州：杭州出版社，2004年，第54页。

16.《全宋文》第四十一册，卷八七八，上海：上海辞书出版社，2006年，第83—84页。

名，盛称于郡籍者，莫可数计，而今罕有存者矣……冈上有堂，欧阳文忠公守郡时所创立。后人爱之，传五百年，屹然不废。”据记，“江南”一带园林营造不可计数，但前代园林“今罕有存者”，而欧阳修的园林却是“传五百年，屹然不废”。可见山水的环境优美固然重要，而影响更大的会是所传承的山水精神。

“回乡养亲”也是建构“江南”园林的主要原因。朱长文在《乐圃记》载，庆历间，朱母购得宅地，为其“先大父”或“叔父”游其间，学其间。而后，他本人又扩增其地，“以为先大父归老”之地。但是，“亲年不待”，所营之园后为己所居，成为自己追思圣人、遥寄山水之处。“或渔，或筑、或农，或圃，劳乃形，逸乃心，友沮、溺，肩绮、季，追严、郑，蹑陶、白。”[17]

“江南”在文人心里不仅是一个追思的乐园，非隐逸或罢黜而不能得之， 对于“江南”的向往在具体的园林构建形式上也有相应的形式产生。具体表现在造园时借景“江南”，构筑江南意象，或使用江南一带盛产的花木、树石。北宋园记中就不乏 “江南之奇花异木”“江南奇石”之记载。

3.“江南”意象与园林构成形态

陈均在《皇朝编年纲目备要》里说到京洛“园囿皆效江浙。”[18]此种“效”法，以其在形式上和构成元素的仿造和借用为主。较为典型的是以一种远离庙堂的姿态，对山水环境的崇尚，以及江南园林材料的使用。而“江南”的观念从一种意识形态转移至了物质可寻的状态。（图4）

北宋之前的园林，虽说承继了六朝田园思想的志趣，时有结合田园的构筑形式的尝试，但是大量的构筑行为仍然只是财富和地位的表征，存在于小部分的贵族、仕宦群体里。而北宋江南一带的园林因其地理上的偏安，政治

17.《全宋文》第九十三册，卷二〇二五，上海：上海辞书出版社，2006年，第160—162页。
18.［宋］陈均撰：《皇朝编年纲目备要》，北京：中华书局，2006年。

图 4 ［南宋］刘松年，《四景山水图》。中国古代书画鉴定组编：《中国绘画全集 4》，杭州：浙江人民美术出版社，2000 年，图 27。

上的宽松，真正成了归隐养亲的场所，园林规模开始缩小，并追求质朴。首先表现在园林的选址上，江南一带园林的选址不再是“斥千金”而求一地，较为有趣的现象是，文人的园林都选择了原来钱氏皇族或后裔的废弃之地。如前文所提及的朱长文“乐圃”的园基，就曾是钱氏后人居所，归宋后分割为民居，朱长文购买时，原有奢华的园林营造早已不存。《沧浪亭记》写道：“……有弃地，……访诸旧老，云钱氏有国，近戚孙承祐之池馆也。”这种选择“弃地”造园的行为不仅是承袭前人造园之志，而且更能反映出当时在园址的选择上，价格适宜其实是考虑的重点。

这样的构园行为少了许多侈靡之态，不仅在园基的选择上以低于市价许多的价格来买地造园，而且兴起了文人间造园的一股“节俭”之风。司马光在其《独乐园记》里载：“叟所乐者，薄陋鄙野，皆世之所弃也。”而独乐园也仅“二十亩”，远远小于当时其他仕宦园林的面积。“江南”一带此风尤甚。

我们现在所见江南园林里的叠石艺术极为丰富：有将石作为独立造型单个欣赏的，有以奇石组合为境的，还有叠石为洞穴的做法。但在北宋之前最常见的是堆土为山，以石点缀的做法。汉代袁广汉园“构石为山，高十余丈”[19]。因为没有更多文献材料，我们无法判断此时的“构石”是纯粹以石叠成，还是先堆土构山，再以石点缀。记中所载的梁园“山有寸肤石，落猿岩、栖龙岫”，所能呈现的石头形态已经很丰富了。入唐以后，堆山置石的技术有了极大进步，构筑假山开始盛行。另一方面，开始有了关于从太湖湖底采取水蚀的石料置于园林的记载。唐李德裕营造平泉庄所记《平泉山居戒子孙记》中提道：“于龙门之西，得乔处士故居。……又得江南珍木奇石，列于庭际。”[20]此时江南就以盛产“珍木”“奇石”著称。而从文中或也可知，它们的设置方式以“列置”为主。

白居易为牛僧孺的园第所作《太湖石记》，以“太湖石”为名为其园作记。这是一篇对于湖石构园非常精彩的论述，描述了丞相牛僧孺爱石，唯此不廉让。他的吏僚搜索各方奇石以敬之。当时爱石之人稀少，人们对于石头的欣赏都是不解而“皆怪之”。但白居易认为石虽“无文、无声、无臭无味”，却能“苟适吾志”；石虽小，也能以“百仞一拳，千里一仞”的姿态微缩宇宙间的景观。这便是喜爱所产生的最纯粹的原因。牛僧孺把所得之石安置于自己东边宅第南侧的园林内，以供游息之赏。此时石头已有等级品相之分。白居易称：“太湖为甲，罗浮、天竺之石次焉。”太湖石在那时便是最上等的石材。“罗湖”即今天的广东岭南地区的罗山和浮山之合称，在唐时，岭南地区亦属于江南道。而“天竺”在唐时所指为印度。此记所载的三种石头，两种就是出产于江南地区，可见当时江南地区盛产园石，而这种作为原产地形象的发展，也成为后世理解“江南”园林意象的一个重要特征。

记中关于石头形态的描述极具场景感：

19.［日本］冈大路：《中国宫苑园林史考》，瀛生译，北京：学苑出版社，2008 年，第 114 页。
20. 转引自童寯：《江南园林志》，北京：中国建筑工业出版社，1984 年，第 15 页。

又有如虬如凤，若跧若动，将翔将踊，如鬼如兽，若行若骤，将攫将斗。风烈雨晦之夕，洞穴开皑，若欲云歕雷，嶷嶷然有可望而畏之者。[21]

石头在不同的气候、时段，不同欣赏角度所呈现出来的不同形态，如“风烈雨晦之夕”“烟消影丽之旦”“昏晓之交”等时间的不同；如“盘拗”“端俨”“绅润”“廉棱锐刿”等状态的不同；如“立”“削”等处理方式的不同。

时至北宋，费衮在《梁谿漫志》记载米芾任濡须（今安徽无为县）太守时，听闻河边地上发现怪石，便命人送至州治以鉴赏。当石送达后，米芾便惊诧于其形态而“拜于亭下”，称“吾欲见石兄二十年矣”。[22]这是文人极致爱石的例子，石因此具有了人化的特征。

虽然叠石艺术在前代已多有记录，但南宋人周密仍认为“前世叠石为山，未见显著者”。而至徽宗艮岳，才“始兴”。在《癸辛杂识》前集“假山”条中，他说：

然工人特出于吴兴，谓之山匠，或亦朱勔之遗风。[23]

那时造园所用材料，所雇佣的工匠都来自江南地区。童寯先生也认为“江南园林朴雅作风，已随花石纲北矣”。在北宋时，“江南”园林在全国范围内已有较大影响。所造园林景象效仿江南山水也成常态。宋宗室赵彦卫《云麓漫钞》记：“政和五年命工部侍郎孟揆鸠工。内宫梁师成董役。筑土山于景龙门之侧以象余杭之凤凰山。”[24]徽宗在其亲笔作写的《御制艮岳记

21.［宋］李昉等编：《文苑英华》卷八百二十九，北京：中华书局，1966年。
22.［宋］费衮撰：《梁谿漫志》，上海：上海古籍出版社，1985年，第52页。
23.［宋］周密撰：《周密集》第三册，杭州：浙江古籍出版社，2012年，第12页。
24.《丛书集成》第二九七册，卷三，北京：中华书局，2010年，第81页。

略》写道：

> 于是，按图度地，庀徒僝工，累土积石。设洞庭、湖口、丝谿、仇池之深渊，与泗滨、林虑、灵壁、芙蓉之诸山，取瓌奇特异瑶琨之石，即姑苏、武林、明、越之壤……青松蔽密，不于前后，号万松岭。

可见在水、山、石、壤的处理上已具体到对应江南各地的风光和景致。

后又有僧祖秀游赏艮岳所写《阳华宫记》，对艮岳上的石头作了很大篇幅的描述，这也是在北宋末年关于皇家园林极致奢华的难得记载，是研究北宋园林的重要依据。据文描述，“寿山艮岳”先“筑冈”，再以太湖、灵璧石增加山岭的险峻气势；“斩石为道”“凭险设蹬”营造出似跋山涉水的氛围。置石叠山艺术为了创造一种奇险地貌而发展到了极致。园中的“飞来峰”，也是因其“飘然有云姿鹤态”[25]而给定其名。飞来峰在当时或许并没有具体指代杭州的飞来峰，但已然是一种园林中约定俗成的意象而被营造。

但情况到了南宋却有了变化，园林随着南迁而更接近湖石的原产地，园记中也有关于独立奇石欣赏和群组奇石欣赏的记载，但以石叠山的记录却是极少。原因是多样的，更多的可能，是一种文人质朴之风的发展。明人顾璘建“息园”为记时所说：“予尝曰：叠山郁柳，负物性而损天趣，故绝意不为。”因为“负物性”而去营造一种仙境奇观，随宋高宗“艮岳”的消亡渐成被摒弃的造园手法。

北宋园林中，水之用或为种植花木，或引为清流，或凿池筑沼。江南地区富有水利资源，水的自然形式多样且富于变化，有湖、池、涧、溪等自然形式。“江南”园林因地理环境上多水的优势，因此省略了很多人工造水工程。京洛的园林因为水资源不足，在园内极尽所能地引水造景，创造出了比

25.［明］李濂撰：《汴京遗迹志》，北京：中华书局，1999年，第58—59页。

“江南”地区园林更为丰富的人工水景。

水景虽是京洛地区园林的主要景观之一，却并不是如现在我们常见的“江南”园林之中的水景，成为一园的主景，组织和统领园林中其他景物。当时，京洛园林的园景组合形式为碎锦式[26]，一园之内，有多处别具特色的景观，加以适当拼凑组合以供游赏，而各景的展示和游赏并无主次之分。水池只是园林诸景之一，与花圃之景、古木之景、苍林之景、竹丛之景相并重。游园者需穿过这些景观，逐个欣赏。水在京洛地区不是最主要的景观，但是水的处理形式却是多样的。如司马光所记的独乐园、胡宿的流杯亭都是北方造园中典型的水景处理方式。

司马光《独乐园记》对引水做了详细描述：

> ……引水北流，贯宇下。中央为沼，方深各三尺。疏水为五派，注沼中，若虎爪。自沼北伏流出北阶，悬注庭中，若象鼻。自是分而为二渠，绕庭四隅，会于西北而出，命之曰“秀水轩”。堂北为沼，中央有岛，岛上植竹。圆若玉玦，围三丈，揽结其杪，如渔人之庐，命之曰“钓鱼庵”。[27]

所用手法已经非常丰富，有“引水”“疏水”“分渠”“绕庭”。而水所呈现的状态有“若虎爪”“若象鼻”“若玉玦”。而胡宿的《流杯亭记》描述了曲水的形式：

> ……西北置阏砻石作渠，析渠上流，曲折凡二百步许，弯环转激，注于亭中，为浮觞乐饮之所。东西杂植果，前后树众卉，与清

26. 汉宝德：《物象与心境：中国的园林》，北京：生活·读书·新知三联书店，2014年，第158页。
27.《全宋文》第五十六册，卷一二二四，上海：上海辞书出版社，2006年，第236—237页。

暑、会景、参然互映，为深远无穷之景焉。亭成，榜之曰“流杯”。[28]

水可以有：“砻时作渠”“析漠上流”“弯环转激”之态，可以“为浮觞乐饮之所”“为深远无穷之景”。这样的园林环境吸引着当时贤达人士游赏其间，书写华藻词篇。而在此记的最后部分写道：“又惟杭、颍二州西偏，皆映带流水，同得‘西湖’之号，与许为三。”以示其象杭州的“武林、天竺之秀”、颍州的“女台、林刹之佳”。

当时的“江南”园林，水景已经成为园林造景的主要元素，通常的做法是在园子里做一个大水景，把各个景色统一起来。这可以说是江南园林最重要的贡献了。苏舜钦的《沧浪亭记》描述的园林“三向皆水也”。《梦溪自记》里的梦溪园“山之下有水，澄澈极目。”这两篇记所载的园林之水范围都极大，皆已成为整个园林中的首要元素。欧阳修在《真州东园记》也记载了东园的水面场景：

园之广百亩，而流水横其前，清池浸其右，高台起其北。台，吾望以拂云之亭；池，吾俯以澄虚之阁；水，吾泛以画舫之舟；敞其中以为轻宴之堂，辟其后以为射宾之圃。芙蕖芰荷之的历，幽兰白芷之芬芳，与夫佳花美木列植而交阴，此前日之苍烟白露而荆棘也。[29]

这些大的“水”“池”园林构成物，其大可以“泛以画舫之舟”，其丰富可见“芙蕖芰荷之的历”。无怪乎李格非在《洛阳名园记》中盛赞当时之“湖园”说道：“洛人云，园圃之胜不能相兼者六，务宏大者少幽邃。人力胜者少苍古，多水泉者难眺望，兼此六者，惟湖园而已。”[30]必然也是受此

28.［宋］胡宿撰：《文恭集》卷三十五，参见陈从周、蒋启霆选编：《园综》，上海：同济大学出版社，2004年，第68页。

29.《全宋文》第三十五册，卷七四〇，上海：上海辞书出版社，2006年，第119—120页。

30.《全宋笔记》第三编第一册，郑州：大象出版社，2008年，第171页。

审美标准的影响。

4. 观念的延续

北宋时期“江南园林”并不是一个确定的概念，但已经具有特定的地理、文化内涵。“江南”的山水意象、文化生活和独有的自然物态造就了这一观念的形成，它不断发展，影响并渗透到北宋园林特有的范式。而今，“江南园林”看似有了固定的类型模式，却仍然在不断变化发展着。研究北宋时期“江南”作为一种园林观念的发生，其实是对江南园林这一众所周知、约定俗称的观念进行一次源头性的探究，这并不是针对起源地归属的争论或是概念的重新建立，而是试图重新建构在“江南”观念形成之初园林的图景模式和变化过程，同时追问作为实体存在的园林，在发展过程中，如何应对作为观念的“江南”转变。

二、从北方到南方：作为园林意象化表征的宴射

宋室南渡，从园林活动“宴射”经历的政治性变化和地理性转移可以看出，社会文化的转变之于园林生活变化的意义。宋代之前的园林作为一种生活方式，具有功能性；而后逐渐抽离生活，变成纯粹的艺术形式。在宋代这个艺术形式逐渐放弃外向彰显转向内化隐喻的时代，园林创作也开始趋向写意，从减少园林活动，到简化园林视觉景象，直至借助景题等“诗化”元素获得对原有园林生活的想象。

宋代园林中曾出现的“宴射”活动，一度同其他元素共同构成当时园林的整体意象，但在后世园林中几乎无迹可寻。较之于园林中其他相对稳定的花、木、树石的营造手法——叠石、理水、栽花、掇木等，这些曾在历史中出现过的形态似乎已经不见了，但是它们真的消失了吗？或者说，它们的产生虽受制于生成背景，但所谓消失其实只是转化成另一种形式，构成了我们

对园林的记忆。

1. 宴射的生成背景

宋代园林中的宴射，也作“燕射”，是综合了招待和习射的大型园林活动。有关“射”的记录古已有之。《周礼》把“礼、乐、射、御、书、数”并称“六艺”，是周代教学的主要内容。“射”（及“御”）原为一种体育和军事方面的训练，但之后，射开始融入了“礼”的规定。学习者不仅在思想上要有明确的目标，在行为上也有具体“礼”的要求。“射礼”又分为大射、乡射、燕射及宾射四种。[31]大射礼相当于国礼，是选拔人才及控制封地的重要活动。皇帝与臣子、臣子与臣子间的关系通过射箭时的站位及先后顺序等因素强化等级观念，射礼所具有的早期功能是对君臣关系的确认。[32]

射礼原本属于严肃的大礼制度，到唐代已经有作为嘉礼的形式存在，到北宋更是褪去了大礼或军礼的威严性，成为园林游赏性质的活动。日本早稻田大学文学部的王博认为，宋代射礼之所以较唐而言差异巨大，应是由于它已并非唐代大射礼之故。他认为这种变化是由于典籍修撰过程中，唐对宋的影响削弱造成的。[33]而由射礼发展而来的宴射，在宋代园林中是属于娱乐性质的活动，并产生了相应园林构造：“射圃”“射厅”“射亭”“埒”等，与花圃、钓台等共同组成宋代园林重要意象。宋代皇帝实施宴射于皇家园苑，同时也在近臣家苑及衙署园林内举办该活动。

近代园林史研究中并没有关于“宴射”的专题性研究，而仅把它同其他园林活动一起提出，冈大路在《中国宫苑园林史考》的“宋、辽、金时代

---

31. 关于射礼的分类同时也存在三种的说法。认为：射礼分大射、乡射及燕射。如清人朱大韶：《实事求是斋经义》卷，《续修四库全书经部》，上海：上海古籍出版社，2002年，第270页。
32. 杨宽：《射礼新探》，《古史新探》，北京：中华书局，2008年，第301—337页。
33. 王博：《唐宋射礼的性质及其变迁——以唐宋射礼为中心》，《唐史论丛》，2014年，第98—118页。

园林”章节里称：“宋代的苑池和园林中，建有流杯殿、流杯池、宴殿、射殿、射圃、走马廊、球场……”[34]宴射与其他活动共同构成了宋代园林的特征。其书未就这项活动的具体构成展开讨论。也有人有注意到射厅的存在，[35]陈世崇的《南渡行宫记》中记载：“前射圃，竟百步，环修廊，右博雅楼十二间，左转数十步，雕阑花……”[36]对南宋东宫中的射圃做了考据，估算它的长度“合160余米”。

有学者指出：“在两宋，园林的功能、形制、内容以及审美趣味的模式基本确定，生产、祭祀等活动基本上被排除到园林之外，大型庄园与园林已经分离。园林本身只作为怡养性情或游宴娱乐活动的场所。”[37]该文在对宋之前的园林做考证后，认为在宋代园林中已经排除了生产、祭祀等活动。但本文认为，宋代所确定的后世园林的欣赏和营造模式，始于宋室南渡，经历了从北宋到南宋的过渡，才是成型关键。

2. 北宋皇家园林里的宴射

北宋太祖朝的宴射集中在金明池、玉津园、芳林园、迎春苑等园实施。这些园除了举办宴射外，主要还承担着园林的燕息游赏功能。

宴射实施最频繁的太祖朝，仅《宋史》“太祖本纪”中有关“燕射”的记录就有二十多条。关于玉津园宴射的记录有十三次。太祖对宴射活动的热忱，使得宋初的宴射不仅延续了唐代宴射的仪式性，并具有嘉礼及外交的属性，成为皇帝拉近与群臣的距离、朝廷接待使臣等活动的主要项目。《宋史》在对乾德元年（963）的一次宴射描述中，有如下文字：“三月辛未，幸金凤园习射，七发皆中。符彦卿等进马称贺，乃遍赐从臣名马、银器有

34.［日本］冈大路：《中国宫苑园林史考》，瀛生译，北京：学苑出版社，2008年，第113页。

35. 暨南大学张劲的博士论文《两宋开封临安皇城宫苑研究》，2004年。

36.［元］陶宗仪撰：《南村辍耕录》，北京：中华书局，1959年，第223页。

37. 天津大学永昕群硕士论文《两宋园林史研究》，2003年。

差。”[38]举办宴射，召见群臣，并根据习射情况给予奖励。宴射是皇帝与群臣朝后园林生活的重要组成部分。

宴射通常也会同饮酒、赏花、钓鱼、赋诗等活动一起举行。《宋会要辑稿》礼四五《杂宴》记载：

> 淳化元年（990）二月己未，宴近臣于后苑，习射，张乐饮酒，诏诏臣赋诗。上亦赋宗庙之续及出征一章，赐宰相吕蒙正等。[39]

太平兴国九年（984）三月，太宗在后苑与宰相、近臣赏花，吟诗作赋，在水心殿习射。雍熙二年（985）四月，太宗又召集四品两省五品以上官员和三馆学士，参与花园活动，除赏花、钓鱼、张乐赐饮外，并赋诗习射。[40]（图5）

不仅宴射的场地布置有相应的规范，而且连“箭班”人数、“服缚”款式和颜色，都有详细规定。《宋会要辑稿》礼四五《祥符太清楼宴射》中写道：“射则用招箭班三十人，服缚紫绣衣、帕首，分立左右，以喝中否。”[41]负责宴射的箭班以三十人为一单位，所着服饰以“紫绣衣”“帕首”为主。“帕首”即巾帕绑头。

太祖之后，皇家园林中的宴射场地除上述几园外，还增加了“讲武

38.［元］脱脱等撰：《宋史·太祖本纪》，北京：中华书局，1977年，第13页。

39. 刘琳、刁忠民、舒大刚、尹波等校点：《宋会要辑稿》礼四五《习射宴》，上海：上海古籍出版社，2014年，第1458页。

40.《宋史》卷一百一十三，第2691页。宴享：“太宗太平兴国九年三月十五日，诏宰相，近臣赏花于后苑，帝曰：‘春气喧和，万物畅茂，四方无事。朕以天下之乐为乐，宜令侍从词臣各赋诗。’帝习射于水心殿。雍熙二年四月二日，诏辅臣、三司使、翰林、枢密直学士、尚书省四品两省五品以上、三馆学士宴于后苑，赏花、钓鱼，张乐赐饮，命群臣赋诗习射。赏花曲宴自此始。”

41. 刘琳、刁忠民、舒大刚、尹波等校点：《宋会要辑稿》礼四五《习射宴》，上海：上海古籍出版社，2014年，第1458页。

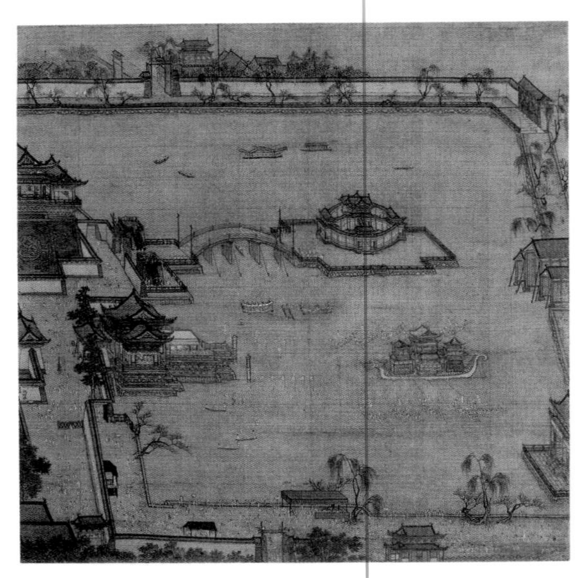

图 5　［宋］无款，《金明池竞标图》。中国古代书画鉴定组编：《中国绘画全集 6》，杭州：浙江人民美术出版社，2000 年，图 192。

台”“李昉第”[42]等处。真宗朝比前两朝新增了宴射场地，如“后苑”“琼林园”“含芳园”“潜龙园”“行宫西亭”“瑞圣园”[43]等。

到真宗朝，原为太祖朝宴射的主要场地“玉津园”，似乎已失去前朝备受临幸的光辉，鲜有宴射记载，仅《宋会要辑稿》礼四五《宴享》载：“（真宗景德二年）十二月四日，命镇安军节度使石保吉赐契丹使宴射于玉津园。自是凡契丹使至，皆赐宴射，命节度使或枢密使，天圣后率用管军者主之。”[44]玉津园更多被用作“观刈麦”“观种稻”等农祭之事，而在此举办这样的活动也很快转移至其他场地。《宋史・礼治十六》宴享条：

42.［元］脱脱等撰：《宋史》卷四，北京：中华书局，1977 年，第 56、76 页。

43. 同上，卷六、卷七，第 112—121 页。

44. 刘琳、刁忠民、舒大刚、尹波等校点：《宋会要辑稿》，礼四五《宴享》，上海：上海古籍出版社，2014 年，第 1449 页。

> 皇祐五年，后苑宝政殿刈麦，谓辅臣曰："朕新作此殿，不欲植花，岁以种麦。庶知稽事不易也。"自是幸观谷、麦，惟就后苑……

仁宗在后苑建宝政殿后，玉津园作为观稻场地的功能也消失了。一如《石林燕语》所云："玉津，半以种麦，每仲夏，驾幸观刈麦；自仁宗后，亦不复讲矣，惟契丹赐射为故事。"[45]

3. 由上而下的推及

宋人有诸多记录宴射的文字存世，这在当时算是一种号召宴射活动和彰显射礼价值的推文。北宋学者吕大临即有文称："射者，男子所有事也，天下无事，则用之于礼义，故大射、乡射之礼，所以习容、习艺、观德而选士。"[46]射，因其能习得容貌体态、完善技艺而成为天下男人皆需掌握的技术。

此活动在民间的推及首先发生在衙署园林中。宋代各地衙署园林的营建主体通常不是地方掌权者，而是中央选派的文官。这些文臣怀抱与君主共治国事的心态进行地方管理，无意中推广了皇室趣味。他们擅长笔墨，对园林营建过程能够详加记载。[47]从相关园记里，我们获知宴射举办的情况，以及它在整个园林活动的地位。同时，由于衙署在特定时期把园林开放给公众游赏，使得宴射在民间得到更广泛的认知。

北宋仁宗之前，关于衙署园林宴射的记录较多。作为园林生活的主要部分，宴射场地里有宽阔的活动空间、围合构筑、交通空间和观射之处。

王安石的《扬州新园亭记》对此有较为详细的记载：

45.［明］李濂撰，周宝珠、程民生点校：《汴京遗迹志》，北京：中华书局，1999年，第220页。
46. 孙希旦，沈啸寰、王星贤点校：《礼记集解·射义》，北京：中华书局，1989年，第1442页。
47.［日本］冈大路：《中国宫苑园林史考》，瀛生译，北京：学苑出版社，2008年，第107页。

> 宋公至自丞相府，化清事省，喟然有意其图之也……占府乾隅，夷茀而基，因城而垣，並垣而沟，周六百步，竹万箇，覆其上。故高亭在垣东南，循而西三十杌，作堂曰“爱思”，道僚吏之不忘宋公也。堂南北乡，袤八筵，广六筵。直北为射埒，列树八百本，以翼其旁。宾至而飨，吏休而宴，于是乎在。又循而西十有二杌，作亭曰“隸武”，南北乡，袤四筵，广如之。埒如堂，列树以向，岁时教士战射坐作之法，于是乎在。[48]

官吏得假便在园林里举办宴射，场地中设置“射埒”，“埒如堂，列树以乡”，“埒”本意为矮墙垛。以其划分场地，构建出一个围合的宴射空间，并“列树”做进一步的防护。园中有名为“隶武”亭的设置，是观射之处，其“南北乡，袤四筵，广如之”[49]。亭南北向，广“四筵”。“筵”即“席”，作是度量面积的单位，《周礼》曰：“度堂以筵。筵一丈。”以现在计算标准，此亭的广度超过十二米，远较普通观景亭的面积大，而且明确是为宴射服务的，即宴会和观射。

宴射场地与园林中其他构筑的关系是怎样的呢？如果说园林有主次空间之分的话，宴射场地应是园中的主体空间，不仅表现在占地面积大，而且同其他景物的位置排序关系也可见之。胡宿（995—1067）《流杯亭记》写道：“许昌之右，有水曰‘西湖’。”士人臣僚喜在水边构筑亭台楼榭。钱思公的“清暑堂”规模最为宏大。以堂作为园名，可知此堂应是园中首要构筑物。在堂左右并置“钓台”和“射堋”。“堋”原意为“箭垛、箭靶”，射堋即为“射”活动服务的构筑物，从与“钓台”这个具有实用性功能的园林

48. 陈从周、蒋启霆选编，赵厚均注释：《园综》，录自《古今图书集成·方舆汇编·职方典》第七百六十五卷扬州府部，上海：同济大学出版社，第 86—87 页。

49.［宋］王安石：《扬州新园亭记》，《园综》（录自《古今图书集成·方舆汇编·职方典》第七百六十五卷扬州府部），上海：同济大学出版社，第 86—87 页。

看，殿是皇家最高等级的建筑，以“殿”承“射”之用，可见宴射所受到的重视。关于“射殿”中所举办的活动，《南宋古迹考》引《续资治通鉴》称：“淳熙四年九月，阅蹴球于选德殿。”又考《玉海》：“淳熙四年，命阁门稽太宗朝击球典故，仍先习仪，诏击球御棚。”与宴射一同举行的，还有“蹴球”。宴射与娱乐、体育、竞技活动几乎同时被提倡，虽有“礼”的蕴含，但已无法与北宋初期所具有的仪式感同日而语。统治者与仕宦文人更重视对其内涵“礼”精神的倡导。

周必大《选德殿记》陈述了孝宗辟“选德殿”，希望当朝之士能兴古人“以射观德”的活动，并强调“射”并不是“黩武”，而是“尚德”。他写道：“皇上暇则绸绎经传，或亲御弧矢，虽大寒暑不废。”[58]孝宗本人也身体力行地推广宴射。

孝宗自己在《芙蓉观击球赐宴选德殿》也写道：“昊穹垂佑福群生，淳德惟知监守城。禾黍三登占叶气，箫韶九奏播欢声。未央秋晚林塘静，太液波闲殿阁明。嘉与臣邻同燕乐，益修庶政答升平。”可见一片太平祥和、君臣同乐的场景。

关于“复古殿”的宴射记载，仅《南宋古迹考》“宫殿考”条里有“燕闲之所”之句，该条引《宋史》“本射殿也，高宗建，理宗重修”[59]之说。周密在《武林旧事》提及：“元夕灯火往往于复古、膺福等殿张挂，又禁中避暑多御复古、选德等殿。”两次关于“复古殿”的记录都没有提及宴射，而仅把它看作节日活动和避暑燕息的场所。

皇宫内还有一处宴射的场所便是皇子所居住的“东宫”。

《建炎以来朝野杂记》“东宫楼观”条中称“东宫旧无有”。而至“淳熙二年夏，始创射堂一”，这里的“射堂”被描述为“游艺之所”[60]，是皇

58.［清］朱彭撰，周百鸣标点：《南宋古迹考》卷上，转引自王国平主编：《西湖文献集成》第二册，杭州：杭州出版社，2004 年，第 447 页。

59. 同上，第 446 页。

60.［宋］李心传撰，徐规点校：《建炎以来朝野杂记》，北京：中华书局，2000 年，第 555 页。

子们宴会、接待、休息的场所。射堂所在的园林中，还有其他同等建筑级别的“堂”，如“荣观、玉渊、清赏”等堂。仅“射堂”以其所有功用命名。《历代宅京记》仅根据《建炎以来朝野杂记》对“东宫”的“射堂”作同样的描述。[61]

《南宋古迹考》卷下的《园囿考》中，有“射厅”一条，根据《乾淳起居注》写道：

> 乾道三年三月十一日，车驾与皇太子过宫，次至球场看抛球，蹴秋千，又至射厅看百戏，依例宣赐。淳熙三年五月二十一日，高宗寿七十，孝宗诣宫上寿，礼毕，上侍太上过寝殿早膳，太上令宣吴郡王等官前来伴话，同往射厅看百戏。[62]

两处“射厅”的记载，都无宴射活动的描述，仅为“看百戏”之用。此处的“射厅”是否就是上文所述“射堂”呢？可能性极大。如同书中“东宫”条对“射圃”[63]的描述。“圃”原为赏花游艺之所，以“射”为圃命名，首先，它所指代的空间大于殿、堂、厅；同时，也可以说“射”的内涵更大了。其实在孝宗朝年间，除了孝宗本人外，太子东宫所谓“射堂”“射厅”“射圃”，仅留有其名，以及“以射观德”意愿而已。

另一处形制可与皇宫后苑相比的便是高宗禅让后的居所——德寿宫。高宗虽无意于重现北宋园林场景，但关于“射”的精神传达在此处园林中亦有所体现。《梦粱录》“德寿宫”的条目载：“荷花亭扁曰射厅、临

61.［清］顾炎武著，于杰点校：《中国古代都城资料选刊：历代宅京记》，北京：中华书局，1984年，第246页。“淳熙二年，始创射堂一，为游艺之所，圃中有荣观、玉渊、清赏等堂、凤山楼，皆宴息之地也。”

62.［清］朱彭撰，周百鸣标点：《南宋古迹考》卷下，转引自王国平主编：《西湖文献集成》第二册，杭州：杭州出版社，2004年，第461页。

63.同上，第457页。“东宫条”，“据《行在所录》又有载：‘淳熙二年，创射圃为游艺之所，圃有荣观、玉渊、清赏等堂及凤山楼。’”

赋。”[64]“荷花亭”匾为“射亭”，在此处的园林活动应是“赏花”，以“射”为名，让人不禁联想，“射”的寓意内涵在此已融入作为普通观景之用的亭子，而原有形制远大于普通亭子的“射亭”，此时也应是与普通观景亭的大小无异。

原有的“射亭”构造是否还存在呢？《武林旧事》御园条中，有德寿宫“正己（射亭）”的记录。这个时候“射亭”构造是有的，但用了更为隐喻的命名，“正己”，这正是对“射”的精神内涵的彰显。

南宋百姓对于宴射的认知，主要来源于宫外皇家苑囿里举办的活动。宋人文献对此有颇多记录。宋代历史研究者们都非常明确一点，即两宋时期，城市士庶雅俗文化之间，存在着相互渗透、相互影响的复杂关系。[65]南宋时更甚。都人市民对皇家所流传出来的宫廷文化和上层阶级的时尚趋之若鹜。观礼宴射似乎是透视皇家礼仪风尚的好方法，每有此活动举办，皆举城同乐，欢欣鼓舞。

玉津园第一次举行宴射之盛况出现在《建炎以来朝野杂记》卷三：

> 淳熙（1174—1189）元年九月，遂幸玉津园讲燕射之礼，赐皇太子、宰执、使相、侍从、正任御宴，酒三行，乐作，上临轩，有司进弓矢，上射中，太子进酒，率群臣再拜称贺。[66]

宴射所涉人群上至“皇太子”“宰执”，下至各类奏乐、箭班队伍，规模之大、规范之严格可与北宋初年的宴射相媲美。不同的是，此时都人作为观众，参与了这次活动。即便阴雨连绵，“道无纤埃”，人们仍然驻足于御

64.［宋］吴自牧：《梦粱录》卷八，转引自《西湖文献集成》第二册，杭州：杭州出版社，2004年，第121、122页。

65.包伟民：《宋代城市研究》，北京：中华书局，2014年，第344页。

66.［宋］李心传撰，徐规点校：《建炎以来朝野杂记》，北京：中华书局，2000年，第96页。

道边或山林高地而望，可谓是“欢动林野”。[67]

周密的《武林旧事》对此次活动也有记载：

> 淳熙元年九月，孝宗幸玉津园讲燕射礼，皇太子、宰执、使相、侍从、正任，皆从辇至殿外少驻，教坊进念致语、口号，作乐，出丽正门，由嘉会门至玉津园，赐宴酒三行。[68]

皇室参加宴射的队伍从大内正殿出发，行经教坊，并作一系列活动仪式，如“致语”“口号”“作乐”等，再由丽正门出皇宫。行经御道，继而由嘉会门出皇城，再达至城外御花园“玉津园”，开始赐宴和习射。这是玉津园新建成后，第一次正式举办宴射。孝宗赐诗群臣，描写了西湖自然风光与宴射盛况。“一天秋色破寒烟，别籞连堤压巨川。欣见岁宫成万宝，因行射礼命群贤。腾腾喜气随飞羽，袅袅凄风入控弦。文武从来资并用，酒余端有侍臣篇。”[69]

而后，玉津园又因各种名义多次举办宴射，接待“北使”[70]“金使”[71]——多以接待外使来宾，彰显国力为主。仿效北宋园林活动的行为，从“玉津园”这个园名也可得知，上文已有论及，“玉津园”在北宋开封，是太宗主要的宴射场所。

67.［宋］李心传撰，徐规点校：《建炎以来朝野杂记》，北京：中华书局，2000年，第96页。

68.［宋］周密撰：《武林旧事》卷二，《周密集》第二册，杭州：浙江古籍出版社，2012年，第385页。

69.［宋］吴自牧：《梦粱录》卷十九。

70.［宋］周密撰：《武林旧事》卷四，《周密集》第二册，杭州：浙江古籍出版社，2012年，第410页。“御园”条：“绍兴间，北使燕射于此。淳熙中，孝宗两幸。绍熙中，光宗临幸。”［宋］李心传撰，徐规点校：《建炎以来朝野杂记》，北京：中华书局，2000年，第97页。“北使礼节”条：“四日，赴玉津园燕射，朝廷命诸校善射者假管军观察使伴之，上赐弓矢，酒行作乐，伴射官与大使并射弓，馆伴副使与国信副使并射弩，酒九行，退。”

71.［宋］吴自牧：《梦粱录》卷十九，记：“城南有玉津园，在嘉会门外南四里，绍兴四年金使来贺高宗天中圣节，遂宴射其中。”

中的园林意象重新书写呈现，以文字结构展示了园林结构。此时，绘画为南宋江南园林的意象提供了可见的图像参照，园记则以文字符号重新构建了它们的结构。图像的优先性使得园记在那个时代也以绘画为参照而作。范仲芑在《盘溪记》的文首写道：

> 沿溪下上，沙澄而谷岌，土腴而植蕃。跻攀曲折，视着屋稳处为堂、为亭、为轩、为菴、为寮，掩映相望，至者如行图画中。[93]

称行经于园林犹如行于画中。在该文的文末，他进一步解释道：

> 予童时侍先君，已闻君贤，仲兄齐叔又与君通昏姻，而盘溪之名，往往流于士大夫之听，思一往游，以足于登览，而未暇也。系官于朝，君书来，以图相示，属予记之。[94]

他并没有到过这个园林，却能凭借图示得来的感受洋洋洒洒写出一整篇体会完整的园记。这个情况不独此一例，陆游的《乐郊记》写的是湖南锦州李晋寿拿的一幅园林图画，李对他展示并请求为该院写记，称："荆州故多贤公卿，名园甲第相。"而他自己的"乐郊"则被打理得"文竹、奇石、蒲萄、来禽、兰、茝、菡萏之富，为一州冠"。陆游以两人间的对话和所示之图就为该园做记。

刘克庄《题丘攀桂月林图》也是写他没有去过的丘攀桂的岳林园，丘氏以图求记，刘克庄根据图示描述道：

> 泉石模写景物，惟实故切，惟切故奇。若耳目之所不接，想象

93.［宋］范仲芑撰：《盘溪记》，《全宋文》卷五八〇〇，第140页。
94. 同上。

为之。虽有李杜之妙思，未免近于庄、列之寓言矣。[95]

刘克庄因未能亲临该园而感遗憾，但在他见到描绘此园的月林图时，却能以图为本，为园作记。记中详细摹写泉池景物特征，称：只有景物是“实”的，才能得到心境的“切”，而只有“切”到一定程度，也才能达到所谓的“奇”处。记中所写之理与他并未亲到该园不无矛盾。

这样的书写能够发生，就是在于园与画有高度一致的审美和评价标准。文人对于园和画的认识通过园记得到表达，同时园记本身成为可供想象的媒介。园林、绘画和园记能唤起观者共同的感受，对景物及其所蕴含精神的体会使它们有共同的基础，也即文人间共同的话语体系。

南宋中晚期，园记的书写更偏重于对志向及处世态度的描述，或者说，对物外在的、直观的表达成了被园记摒弃的方式。如《见山堂记》中写到，客问，不见山如何可谓之曰“见山堂”？作者便称，对于山的感受来自亲朋师友间如“高山仰止”“岩崖崇高”般的人生讨论，如果仅因爱山而画山、叠山来象山，则便失去探索“象外之旨”的可能了。可见，此时事物本身已经让位于作为事物象征的文字符号。

南宋园记中出现的模范园林，它们的特征远则像杜甫、白居易、陶渊明、王右军、李愿的园林，其意象是：

市桥细柳，江路梅香，即少陵之浣溪也；水田白鹭，阴木黄鹂，即摩诘之辋川也；茂林修竹，清流激湍，即右军之兰亭也；采山钓水，可茹可食，即李愿之盘谷也；绿野有堂，日醉宾客，即裴晋公之午桥庄也；青山屋上，流水屋下，即司马公之独乐园也。[96]

95.［宋］刘克庄：《题丘攀桂月林图》，卢辅圣主编：《中国书画全书》第一册，上海：上海书画出版社，1993年，第905页。

96.［宋］姚勉撰：《幸居安水阁记》，选自《全宋文》卷八一四〇，第91页。

近则像司马光、苏轼等诗词中园林的意象。这种园林范式一经确立，文字描述也呈现千篇一律的状态，出现了即使不见园，也能写出一篇如临现场的、声色感受俱全的园林。

这与其说是园林标准的产生，毋宁说，当时的园林已经成为一种范式，不论真实的园林状态如何，绘画与园记中的园林都是参照了作为范式的园林。这个以文字方式出现的园林范式，使具体感官感受退居次位，让位给了这些符号所展开的想象。南宋晚期，在到处充斥着园林符号的江南，园林营造的状态是饱和的，此时的它将迎接下一轮的打破、重建、发展的过程。

作为共时性的书写，宋代园记很多时候代表了园林静态、至纯的理想状态，我们由此可以看到那一时代园林的共同追求。但纵观宋代园记发展的全历程，我们仍能感知，宋人对于园林的态度一如园记所反映的，注重其精神的表达。园记文本使当时人的园林观念被记载，园林审美的评价则由此达成共识，即成自然之美，这也正是构成了历经百年的园林，虽几经易主，但仍然能传续的基础。

四、作为诗意转向的江南园林

在宋室南渡之前江南地区的园林营造并不具有系统性及典型性，政权南移，园林营造中心也转移至以南宋临安为核心的江南地区。南宋江南园林营造最初带着皇家和贵戚对北方园林的刻意仿效，但随着环境场所的改变、园主人群体的变化，产生了园林山水意象化的转折，独具山水精神的“江南园林”构型由此而来。新兴的文人阶层在园中表达对山水的感悟和对自然的认知，园林呈现文化、政治、生活等多重属性。新的园林构型也因文人的笔墨描绘和著书立说得以固定。就园林营造手法本身而言，其最显著的特征就是在园林中融入了诗意的内涵，这与当时绘画的表现方式趋于一致，以诗意的表达和诗化的结构传达了追寻山水精神的园林理想。诗意空间的营造在南宋江南的园林中产生，经历时代传承演变，“江南园林”也成为“诗意空间”

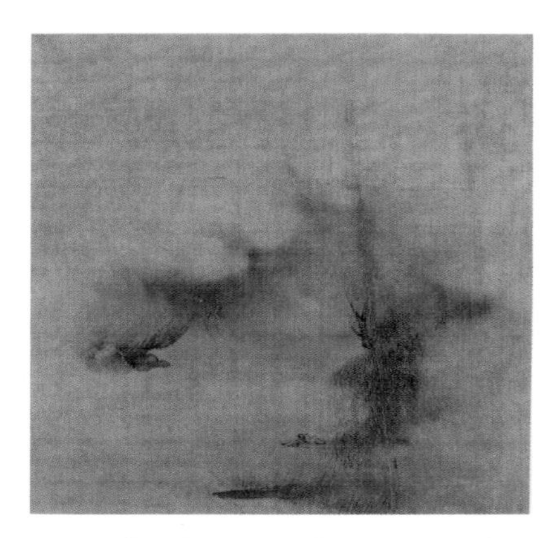

图 7　［宋］梁楷，《柳溪卧笛图》。中国古代书画鉴定组编：《中国绘画全集》，杭州：浙江人民美术出版社，2000 年，第 119 页。

图 8　［宋］马远，《秋浦归渔图》。《台湾故宫书画图录》，台北：台北"故宫博物院"，1989 年，第 153 页。

的最重要代表。

园林由最初功能性的空间演变成诗意的场所，是南宋文人们在生活和绘画中对前代文人诗歌意象的追寻而引起的，如欧阳修的"古文运动"，带来了对唐及之前古诗意境的追求。自东汉以来一直到北宋，把诗歌当作隐喻来理解的做法颇为盛行。[97]8世纪，杜甫成为文人关注的焦点。欧阳修及其追随者们确信，在道德重建的时代，杜甫深沉的诗歌所产生的魅力超越了政治观念的差别。[98]那时候的文人试图在绘画中输入严肃的内容时，就以借用诗歌为手段。当绘画在中国获得一种回应的能力，能够以简单的形象唤起深刻而强烈的情感时，诗意化的理念和实践就出现了。[99]诗歌与绘画从另一个角度显现了"江南园林"型构的主要特征。（图7、图8）

诗和画可以相互转换的观念在欧阳修之后，以苏轼为中心的文人圈子里发展到了一个高潮，他们从唐人那里获得对诗画的把握，诗人由杜甫领衔，画家由王

97.［美］姜培德：《宋代诗画中的政治隐情》，北京：中华书局，2009 年，第 61 页。

98. 同上，第 42 页。

99.［美］高居翰：《诗之旅：中国与日本的诗意绘画》，洪再新、高士明、高昕丹译，北京：生活·读书·新知三联书店，2012 年，第 2 页。

维居首。[100]到了南宋前期，则诗画间有了共通共感的特性牵制，由此而抵达园林。吉川幸次郎认为："基于对自然的敏锐感受的抒情主义，当然是唐诗所特有的品质，也是贯穿整个南宋时期诗学的一种缅怀唐诗的潜流。"[101]各种艺术方式在此时得到融合。到了南宋中晚期，新儒学的发展开始影响文学艺术领域，新儒家、道家倡导以"道"来统摄宇宙间万事万物的"器"，影响及至思维方式，思维上注重综合观照和往复推衍。各种艺术突破界域、触类旁通，进一步铸就了中国古典园林得以参悟于诗、画艺术，形成"诗情画意"的独特品质。[102]

关于诗和画的结合，苏轼最欣赏王维，他说："味摩诘之诗，诗中有画，画中有诗。"他认为最好的诗是："言有尽而意无穷者，天下之至言也。"他在《净因院画记》中提出了对绘画的看法，写道：

> 余尝论画，以为人禽宫室器用，皆有常形。至于山石竹木，水波烟云，虽无常形而有常理。常形之失，人皆知之。常理之不当，虽晓画者有不知；故凡可以欺世而取名者，必托于无常形者也。虽然，常形之失，止于所失，而不能病其全。若常理之不当，则举废之矣。以其形之无常，是以其理不可不谨也。世之工人，或能曲尽其形；而至于其理，非高人逸士不能辨。与可之于竹石枯木，可真谓得其理者矣。如是而生，如是而死，如是而挛拳瘠蹙，如是而条达畅茂根茎节叶，牙角脉络，千变万化，未始相袭，而各当其处，

100. 卜寿珊（Susan Bush）：《北宋文人的各种观点》（*The View of Northern Sung Literati*），收入其《中国文人画论：从苏轼（1037）到董其昌（1555—1636）》（*The Chinese literati on Painting: Su Shih to Tung Ch'i-ch'ang*），剑桥：哈佛大学出版社，1971 年，第 29—82 页。

101. 吉川幸次郎（Yoshikawa Kojiro）：《宋诗概要》（*An Introduction to Sung Poetry*），华兹生（Burton Watson）英译，剑桥：哈佛大学出版社，1967 年，第 171 页。

102. 周维权：《中国古典园林史》（第三版），北京：清华大学出版社，2008 年，第 13 页。

合于天造，厌于人意，盖达士之所寓也欤？[103]

他认为“人禽宫室器用”是有标准形态的，而“山石竹木”“水波烟云”没有常态。绘画中有常态的东西描述得好或差，人们可以一眼就看出来，但无常态的东西却难以被人察觉。对于这种无常态的东西，如何评判呢？他认为“无常形”的东西很容易成为“欺世盗名”之托，但高人逸士却能对此做出判断，并认为文与可的竹石枯木达到了“如是而生，如是而思”。这种标准正如诗、园林的标准一样，难以说出规矩条例，却“合于天造”“厌于人意”，是达士们得以借鉴的标准。

曾丰在《东岩堂记》写道：

天台、雁荡二山，见谓二浙第一胜处。山距郡远近，郡士大夫往游焉，酷爱之，觞酬咏酢之不足，假绘素以幻其姿，行辄自随。又不足，假石以幻其态，坐辄自对，又不足，相所居前后左右山，天所予形，峥嵘耶，崔嵬耶，陂陀耶，坛曼耶，百尔屈奇，与二者仿佛。[104]

士大夫们喜爱天台、雁荡山水，常游览其间，当游览难以满足能“日涉之”时，则便作画来记录山林并且加以想象；当绘画仍难以满足时，则开始选石叠石，以象二山之态，日夜对坐其间。但当如此都无法满足时，则“相所居前后左右山，天所予形，峥嵘耶，崔嵬耶，陂陀耶，壇曼耶，百尔屈奇，与二者仿佛”。选择与二山相似的山地依山造园以居其间。从这样递进式的描述看来，游览真山水，只能是偶然为之的对自然的欣赏方式，绘画则使山水愿望得到进一步满足；置石叠山放入居所则更进一步贴近自然；最

103. 俞剑华编著：《中国古代画论类编——东坡论画》，北京：人民美术出版社，1957年，第47页。

104. ［宋］曾丰撰：《东岩堂记》，选自《全宋文》卷六二九〇，第42页。

终，选择相似的山水环境进行改造成园，并栖居其间才是观照自然的最佳方式，园林在表达文人追寻自然山水愿望上兼具了绘画的空间属性及诗歌的意境内涵。

1. 诗意的空间表达

在园林中注入关于情感、理想、志向表达的时间艺术：诗歌，使园林也具有了时间性。宇文所安谈到杜甫的一联诗时，称其为“一种和时间对抗的艺术：它在永恒的状态中留住事物，使之不朽。”[105]有意识地将园林空间进行季节性游赏分区，以便在不同时节欣赏不同景致，是诗意化空间营造的具体体现。（图9）

绘画和园林都属于空间艺术，在其间注入诗歌使它们都有了时间性。园林与绘画几乎是同时开始有了诗意的追求，时间性的诗意能提升空间的感知度，园林则又比绘画有更多维的体验和感受。诗歌作为时间性的思想表达和抒发，融入了空间性的绘画和园林是这个时代艺术的总体特征。苏轼对绘画中的诗意表达是这么认为的：“古来画师非俗士，摹写物象略与诗人同。”他评价宋初山水画家燕肃时，说他“已离画工之度数而得诗人之清丽也”[106]。

宋徽宗皇帝的《宣和画谱》收录了宫廷所藏51幅赵士雷的作品，称他“有诗人思致，至其决胜家畜，往往形容之所不及”[107]。但从文人的角度而言，画仍处于诗歌之下品，画如果能得诗歌之意趣则便成为优质之作。以诗歌来评价园林在北宋已是常见，到南宋则出现了大量田园诗，如范成大的《四时田园杂兴》诗，陆游《剑南诗稿》中的大量诗篇。到南宋中晚期，除

---

105. 宇文所安（Owen）：《传统中国的诗歌与诗学：世界的征兆》（*Traditional Chinese Poetry and Poetics： Omen of the World*），麦迪逊，威斯康星大学出版社，1985年，第106—107页。

106.［美］高居翰：《诗之旅：中国与日本的诗意绘画》，洪再新、高士明、高昕丹译，北京：生活·读书·新知三联书店，2012年，第2页。

107.《宣和画谱》，16章，第20a-b页。

图 9　［宋］赵佶，《溪山秀色图》。《台湾故宫书画图录》，台北：台北“故宫博物院”，1989 年，第 295 页。

了对诗意的把握之外，理学的“格物”之思也进入绘画与园林中，形成另一种意境，追求内在于物的境界。

现代园林学家对古典园林中诗意的蕴涵也早已有所认识，陈从周认为“研究中国园林，是应先从中国诗文入手，则必求其本，先究其源，然后又许多问题可迎刃而解。如果就园论园，则所解不深。”[108]园林诗蕴含着对园

108. 陈从周：《中国诗文与中国园林艺术》，《中国园林》，广州：广东旅游出版社，1996 年，第 239 页。

林的理解，同时园林在造景时也融入了诗歌的情感表达，漫步园中，可以获得文人的诗词意境及理学所追求的内在于物的境界。王炎在《双溪园记》中写道："公摘《池上》篇中语名堂若庵、若寮，意欲自拟于白传乎？"表明他选取白居易《池上》篇中的词句为园林命名之意。仰慕前代文人的品质而借用其诗句，构造出诗词中的场景是营造诗意园林的直接手法。

袁燮（1144—1224）[109]的《是亦园记》写道：

> 嘉定（1208—1224）中，余又作楼于新居之旁，既崇以宏，不可以言"是亦"矣，乃取杜子美"忧国愿年丰"之句，而名之曰"愿丰"……故陶靖节可谓淡泊矣，念田园之芜，赋《归来去辞》有曰："窈窕而寻壑，崎岖而经丘。"则不为不广。司马公可谓简约矣，记独乐园亦云："其广二十亩。"盖不如是不足为乐也。今子之规模，毋乃太小乎？其初固曰吾将以纵步也。[110]

为其所造之楼命名"愿丰"等，皆是此例证。袁氏的园地仅几亩地，但其提出"世俗以外物为乐，君子以吾心为乐"，园虽仅三亩并不妨碍其作为君子之乐。这代表了大批并无巨大财富的文人造园兴起，园林规模逐渐变小。造园其实是文人们建立主观表达的一种模式，建立新的园林生活并赋予园林智性及伦理的内容。

曾丰在《东岩堂记》中写道：

> 夫山鲜有不屈奇者，惟士大夫胸中自有屈奇，然后山之屈奇听命焉。园所揭十六，大归取花竹木故事。命之东堂，则惟岩胜屈奇之最，而岩体中虚，又与道似故耶？道以虚御群有，岩以虚御群胜。魏国张公之紫岩，卫国留公之梅岩，侍郎李公之巽岩，虽莫非

---

109. 袁燮，字叔和，号洁斋，鄞县（今浙江宁波）人，淳熙八年（1181）进士，官至礼部侍郎。

110. ［宋］袁燮撰：《是亦园记》，选自《全宋文》卷六三七七，第242页。

以其与道似取也，抑亦三公道与岩似此，以此之屈奇命彼之屈奇，听交相合符然欤？[111]

文中描述了园林中叠山置石所蕴含的士大夫精神。曾丰认为，自然中的山本来就屈奇，但园中山的屈奇是士大夫心中山的体现。所选山体岩石的中空，正如所信仰的道学精神的虚空，文中所提“魏国张公之紫岩（张俊），卫国留公之梅岩（留正），侍郎李公之巽岩（李焘）虽莫非以其与道似取也，抑亦三公道与岩似此，以此之屈奇命彼之屈奇，听交相合符然欤？”[112]其人其园，内涵精神都是一脉相承的，所建之园便是所求之道。

诗意化的园林营造具体也表现在逐渐缩小的园林规模。小型化艺术形态是这个时代的总体走向。南宋初绍兴年间，绘画上兴起的“小景山水”之势，《画继》称：“绍兴间，一时妇人服饰及琵琶筝面所作小景山水，实倡于赵士遵。”[113]学界一般认为“小景山水”源于南宋初年。园林经历了由大到小的变化过程。北宋司马光时，称“二十亩”园为“陋也”，而到南宋，二亩多地的园，已成园林之趣了。趋于小型且以意境营造为主的园林，不再刻意去追求“宽闲幽邃”的规模。作为表达方式的园林，文人们对它的寄托是在其中生活，并赋予诗意及伦理的内容。

袁氏另一篇《秀野园记》更具体而微地阐述了园林从取名到园内意境所表达的诗意。“秀野”，取意于苏东坡为司马光独乐园所赋之诗句：“中有五亩园，花竹秀而野。”此园是为养亲奉老、共享天伦之乐之用。

思先君无恙时，空乏甚矣，而舍旁犹有三亩之园，植花及竹，日与其子若孙周旋其间，考德问业，忘其为贫。[114]

111.［宋］曾丰撰：《东岩堂记》，选自《全宋文》卷六二九〇，第 42 页。

112.［宋］曾丰撰：《东岩堂记》，选自《全宋文》卷六二九〇，第 42 页。

113.［清］厉鹗等：《南宋杂事诗》卷五，杭州：浙江人民出版社，2016 年，第 308 页。

114.［宋］袁燮撰：《秀野园记》，《全宋文》卷六三七七，第 242 页。

比起以十亩的膏腴之地传给子孙，不如留三亩之园而传子孙以素雅之风。此时，园林获得的不仅是山水之乐，也是能“进德”之地。

诗意化的园林营造还表现在以诗歌的结构来处理园林的布局，借鉴文学艺术的章法使园林“曲折有法，前后呼应”，避免“堆砌、错杂”。[115]具体到空间划分及路线组织要做到：划分，务求不流于支离破碎；组合，务求其开合起承、变化有序、层次清晰……[116]在这个序列中还穿插对比、悬念、欲抑先扬或欲扬先抑等手法。洪适的《盘洲记》描写了他所构之园的场景和意境，该记以游览的路径层层递进展开院内之景：

> 柳子所谓“迤延野绿，远混天碧”者，故以“绿野”表其堂。有轩居后曰“隐雾”。九仞巍然，岚光排闼，厥名“豹岩”。陟其上则“楚望”之楼，厥轩“巢云”，古梅鼎峙，横枝却月。厥台“凌风”，右顾高柯，昂霄蔽日。下有竹亭曰“驻屐”，蠙洲接畛，楼观辉映，无日不寻棠棣之盟。跨南溪，有桥表之曰“濠上”，游鱼千百，人至不惊。短蓬居中曰“野航”，前后芳莲，龟游其上。水心一亭，老子所隐，曰“龟巢”。清飔吹香，时见并蒂，有白重台红多叶者，危亭相望，曰“泽芝”。整襟登陆，苍槐美竹据焉，山根茂林，浓阴映带，溪堂之语声，隔水相闻。倚松有“流憩庵”，犬迎鹊噪，屐不东矣。欣对有亭，在桥之西畦。丁虑淇园之弹也，请使苦苣温菘避路，于是“拔葵”之亭作，蕞尔丈室，规模易安，谓之“容膝斋”。履阈小窗，举武不再，曰“芥纳寮”。复有尺地曰梦窟、入玉、虹洞、出绿、沈谷，山房数楹，为孙息读书处，厥斋“聚萤”。[117]

115. ［清］钱咏撰：《履园丛话》，北京：中华书局，1979 年，第 545 页。
116. 周维权：《中国古典园林史（第三版）》，北京：清华大学出版社，2008 年，第 31 页。
117. ［宋］洪适撰：《盘洲记》，选自《全宋文》卷四七四三，第 379 页。

首先在“迩延野绿，远混天碧”的平地营建“绿野”堂；在堂之后，次级景致展开，“隐雾”之轩显现，轩后突现“九仞巍然”的岩石，从远到近，再登临其间，遇有“望楚”楼、“巢云”轩、“凌风”台。至此，为诗意园林结构的第一节序，以大地和山景为主景。第二节序则开始于“蚌洲”，先有“濠上”桥跨南溪，有名为“野航”蓬岛伫立水中，左右分别有“龟巢”和“泽芝”亭相望。“野航”是第二节序的中心，前后“芳莲”“龟游其上”，这一节以水为主景。第三节序以“淇园”为中心展开，这是全园诗意抒发的重点，抒情言志，此中有“拔葵”亭、“容膝”斋、“芥纳”寮、“聚萤”斋等构筑，匾题寄予了园主人各种人生理想。作为园林诗意抒发的最高潮，此处承续了上两节的内容结构，又进一步进行总结升华。

本文尝试以复原图的形式勾画出洪适“盘洲”的大致形态，然“盘洲”在图像上所能体现的，远不及园记里所能表达出的诗意境界，以及在阅读园记时由想象构建起来的场景感受，如“游鱼前百，人至不惊”“清飔吹香，时见并蒂”等，更不必说游走于园中的感受。王国维在《人间词话》中提出诗词的境界：“有我之境，以我观物，故物皆著我之色彩。无我之境，以物管我，故不知何者为我，何者为物。”园林也是因为有园主人的情感寄托而有了诗词的境界。（第三章图14、图15）

2. 与画同构

童寯从造园手法角度认为“中国造园首先从属于绘画艺术，既无逻辑性，又无规则”。他又说：“造园与绘画同理，经营位置，疏密对比，高下参差，曲折尽致。园林不过是一幅立体图画，每当展开国画山水图卷，但见重峦叠嶂，悬瀑流溪，曲径通桥，疏林掩寺，深柳茅屋，四面开敞。”[118]这是园与画共同的空间组合及构造方式。汪菊渊称：“研究园林及历史发展

118. 童隽：《园论》，天津：百花文艺出版社，2006年，第36页。

景、图画的三重境界并非易事，而需要有很高的艺术造诣和山水精神。

（1）依画造园

李唐的《四时山水图》是南宋山水画的典型，以写实手法描述了当时园林的场景，可作为当时园林研究的参考，但另一类描述前代历史的题材画中也涉及园林场景描绘，是否能作为南宋园林研究的考据参照呢？刘巧媚的文章列举了明代计成的《园冶》（成书于1630年初），认为明代有关唐代主题的绘画中，园林和庄园在设计及其细节上都符合明代建筑的样式，[125]而非重构那些唐代诗人所了解的早期园林的面貌。这样的原则似乎也可以用于南宋历史题材画与园林之间的关系。比如马远所作《九歌图》，考其画面中的建筑样式是与北宋《营造法式》形制相符的。

这也引出了园记中所提及的另一类绘画，即用于造园的“参考”图画，目前仍未有确凿例证来表明这类绘画的样式，或是否就是常见的园林画。韩元吉《武夷精舍记》写到朱熹在武夷山造书院园林时称：

> 吾友朱元晦居于五夫山，在武夷一舍而近，若其外圃，暇则游焉。与其门生弟子挟书而诵，取古《诗》三百篇及楚人之词哦而歌之……元晦躬画其处，中以为堂，旁以为斋，高以为亭，密以为室，讲书肄业，琴歌酒赋莫不在是。余闻之，恍然，如寐而醒，醒而后隐，隐犹记其地之美也，且曰其为我记之。[126]

写到朱熹“躬画其处”，才让弟子门徒准备好畚箕、瓦竹，开始实施造园。这类画是为了便于“鸠工匠人”的实际操作，详细表现出园林具体的经营位置、结构类型等。

125. 刘巧媚：《晚明苏州绘画中的诗化关系》，《艺术学》第6期，1991年，第33—73页。
126. ［宋］韩元吉撰：《武夷精舍记》，选自《全宋文》卷四七九九，第236—237页。

（2）园“可入画”

南宋园林与绘画更多的是可以类比的关系。王十朋《绿画轩记》中写到友人称其所造之园：“轩宇景物之大概，四时朝暮之气象，生绡一幅可得而画也。”[127]杨简[128]的《广居赋》写到四明地区的杨氏在西屿之麓营造居所，居所“北山之桃李，方春盛时，相与联必，参红错百，间青厕翠”[129]，像蜀地的织锦一样“美于图绘”。园林与绘画从植物的色彩、结构方式及边界处理等都可以进行类比。上等的园林可入画，园林好或不好有时仅是一种无法言说的感受，是“天籁之奇”却“非丝非竹”，是“神功妙笔”，却难以模写，就如同绘画“不能形容”，不求形似。

这样的评价标准是与绘画相同的，绘画中的此类要求早在欧阳修就提出来了，他对观者也提出了审美的要求。《盘车图》题诗：“古画画意不画形，梅诗咏物无隐情。忘形得意知者寡，不如见诗如见画。”[130]即作画不画形式而求神似。同时，观画者也需要有忘形而知其意的精神境界。

欧阳修《试笔》一卷中有《鉴画》一文完整解释了这一现象，兹录于此：

> 萧条淡泊，此难画之意。画者得之，览者未必识也。故飞走迟速，意浅之物易见；而闲和严静趣远之心难形。若乃高下响背，远近重复，此画工之艺尔，非精鉴者之事也。不知此论为是否？余非知画者，强为之说，但恐未必然也。然世谓好画者亦未必能知此也。此字不乃伤俗耶。[131]

文中谈到了“画者”“览者”对画理解的不同；“物”与“心”之间

127.［宋］王十朋撰：《绿画轩记》，《全宋文》卷四六三五，第 112 页。
128. 杨简（1141—1226），字敬仲，明州慈溪（今浙江慈溪）人。
129.［宋］杨简撰：《广居赋》，《全宋文》卷六二一八，第 61 页。
130.［宋］欧阳修撰：《欧阳文忠公文集》卷二，北京：商务印书馆，1929 年。
131.［宋］欧阳修撰：《欧阳文忠公文集》卷一三〇，北京：商务印书馆，1929 年。

的意义表达与体会的难以类比。但园林与绘画有共同的评价标准，洪适（1117—1184）所写《盘州记》（位于江西鄱阳）称：

> 启六枳关，度碧鲜里，傍柞林，尽桃李溪，然后达于西郊，茭蘽弥望，充仞四泽，烟树缘流，帆樯下上，类画手铺平远之景，柳子所谓"迩延野绿，远混天碧"者，故以"野绿"表其堂。[132]

更是把园内"茭蘽弥望，充仞四泽，烟树缘流，帆樯下上"的场景设置认为是类比为绘画中的"手铺平远之景"。

绘画中的园林使两者真正实现了同构。高居翰称马远的画："提供了一种图像的比喻，对这种把思想从物质的羁縻中解放出来的体验，把我们的注意力从密集的前景移向别处——在那里，几朵花象征着春天——转向一个宁静的、不断推远的草丛或树顶，到沉静的山丘，一直到天上的空间，消失殆尽。[133]在马远的园林画里，诗意的注入使想象得到最大的满足，打破了园林与绘画及山水之间的隔障。同时，打破了园林与自然，园林与绘画的隔障，把园林边界进行模糊化的处理，在许多园林画中都能得到佐证。

园林是文化心理和审美意识的物化，它所呈现的形态和方式如果不追究其中的历史背景，它们的真实追求则是将自身消融于自然山水之中。大部分宋画园林中都没有明确的边界，有的也仅是以低矮的栏槛象征一点边界的意象，如赵孟頫描写宋人雅集情景的《西园雅集图》。（图12）

该画有意消解园林中人活动空间的封闭性和内向性，在园林内部打开了一个外放的自然世界：园林主入口的形象以浓墨进行着重提示，彰显此处作为园林与外部世俗世界分离的边界。主入口通常也是华丽、细致，充满诱惑的。但跨过此处，与自然山水更相似的场景则缓缓展开。人造痕迹浓重的湖

132.［宋］洪适撰：《盘州记》，选自《全宋文》卷四七四三，第381页。

133.［美］高居翰：《诗之旅：中国与日本的诗意绘画》，洪再新、高士明、高昕丹译，北京：生活·读书·新知三联书店，2012年，第17页。

石假山开始缓慢消退，越往里行，越进入自然山水的景致里。园林的深处乃至终点一直延伸至远山烟雾缭绕处。

赵孟頫的《万柳堂图》（图13）入口的意象也是清晰的，拾级而上，露台作为第一道场景处，树影遮挡，婆娑朦胧。自此，自然形态山水开始介入世俗的园林，并拉开园林活动之幕。园内的廊、建筑外的棚下，众人听琴、读书、清谈。在一丛浓密的树林结束活动，视线再往上则到了淡如烟云的远山。产生类似效果的绘画还有马远的《华灯侍宴图》等。

园林的边界主要以这种方式消隐，但也有很多小场景绘画会以各式栏槛来暗示园林路线的转移。栏槛的装饰和材料丰富多样，大部分以石雕花，也有部分以竹竿横置。如南宋佚名《罗汉图》中则以老藤为栏槛的样式，这比竹竿更接近自然之态。虽说这样的边界已经不太显著，但图中仍有让园林与自然界限进一步消解的元素存在，如向高处伸出的梅枝，向远处蔓延的竹叶。如宋陈居中画《王建宫词图》、马远画《王羲之玩鹅图》、宋人画《罗汉图》、苏汉臣画《婴戏图》等，刻意作为指代边界的栏槛通常是低矮、通透的，栏槛外的环境烟波树影，引出无限遐想，恍如隔世，又唾手可得。

绘画中园林石头摆放的位置也都是以其作为同自然和谐过渡的载体，它们取自自然，指代自然，移至庭园内，可表征对自然山体的想象。园石以摆置为主，配以花木，如竹、松、芭蕉等。大型的石头置于园中开敞之处，作为园内其他场景的背景；小型的湖石置于花盆中或放在石台上以作独立欣赏之用；还会将湖石摆置在入口处之侧，与竹或芭蕉共同造景，呈现入口的意象。

《深堂琴趣图》中一块深沉、厚重的石头摆置在修葺平整的庭院中显眼的位置，它的形态与右侧伸展出来的巨石及作为背景的远山有相同的形式特征，给人相同的视觉感受。它出现在这画中首先呼应了自然山体，而形成有力的视觉主景；其次它呈现强烈的、向右空阔处延伸的动态，沟通了人造庭院与自然之间的联系。（图14、图15）

图 12　［元］赵孟頫，《西园雅集图》。《台湾故宫书画图录》，台北：台北“故宫博物院”，1989 年，第 67 页。

图 13　［元］赵孟頫，《万柳塘图》。《台湾故宫书画图录》，台北：台北“故宫博物院”，1989 年，第 75 页。

图 14　［南宋］无款，《深堂琴趣图》。中国古代书画鉴定组编，《中国绘画全集 6》，杭州：浙江人民美术出版社，2000 年，图 13。

图 15　［南宋］无款，《松下闲吟图》。中国古代书画鉴定组编，《中国绘画全集 6》，杭州：浙江人民美术出版社，2000 年，图 17。

3. 意境的生成

讨论一种已经意境化的艺术形态或空间形态时，需要借助特定的历史场景去感受，去共通共感。意境获得的共同体会的基础不仅是具有相同的图像和语言符号基础，也包括了一切使之发生可能的社会背景和思想。南宋江南园林在发展过程中，形成了一套特定的话语体系，它们不仅是对园林意象的呈现与表达，更像是文人们建立起来的一个圈子。它并不可见，但足以言说，南宋大量园记即产生于此。园记交代了造园背景、造园心理，同时抒发着对园林的寄托。具有特定语汇的园记使园林成了文字符号的组合，这是因循文人们需求而产生的，以阐述、表达他们的道德标准、生活理想等等，并使之得以交流传播。其中不容忽视的还有，此时禅宗发生的完全本土化的转变。

南宋禅宗主张一切众生皆有佛性，作为思维方式，完全依靠知觉体验，通过自己的内心观照来把握一切，无须客观的理性，也不必遵循一般认识事物的推理和判断程序。禅宗传教往往不借助经典性的文字，而是运用“语录”和“公案”来立象设教。这种思维方式普遍得到文人士大夫的青睐，并通过他们的中介而广泛渗入艺术创作实践之中，从而促成了艺术创作之更强调“意”。[134]对园记文本的解读是意境化园林研究的重点。绘画从另一种空间角度展现园林意境，诗意又让园林在时间里展开。在意境化过程中，可见、可获得的例证，一方面是文本中对于园林活动及活动性质转变的描述；另一方面是特定符号元素在园记中的形成和确立。

意境将可见、可获得的园林元素符号化，使其内涵更甚于本身，这在当时具有一定的典型性。这是强烈的主观意识在园林里投射的表现，也可以说，园林中关于意境的营造及对于意境的感受，生发自新兴文人阶层之间建立同一话语体系的过程。意境因不同语言环境生成，意境同时构成了新的语言环境和结构特征。考察特定园林意境生成之初，究竟先有话语体系还是先有自觉于这一话语体系的造园行为，是园林研究中着眼于以历史、社会作为背景的园林的重点。

南宋之前以北方园林为主体的园林有自己的话语体系。但经历了宋室南渡，这一体系因造园群体和地理位置的变化被打破，并被重新建构。首先是面对南宋临安特有的山水环境，原有的园林范式被江南的山水意象及根植于此的人文因素重建确立。其次是南宋文人对园林话语权的渴求，也影响着园林的意境发展。园记的撰写，实际上是相互有亲密联系，或彼此仰慕的文人间的语言融合和共通的过程，以力求掌握园林这一艺术话语权。

意境化园林的营造是在建立或确定一个圈子，它并不可见。以可见的园林来显现不可见的圈子，更依赖于语言元素。以语言为通道，通过发声途径进行言说，来达到表象隐喻的目的。以文字符号组成的园记使用着特定的园林语汇，使园林也成了特定文字符号的组合。文字本身的符号性，在构成园林语汇的过程中，确定了造园背景和造园心理，同时蕴含着对园林的想象。这是顺应作为文字的主要使用者——文人的需求而产生的，是文人间得以交流的媒介。在这个过程中，对意境的追求也如任何有生命的事物，经历着从酝酿到生成，从兴盛到僵化，直至停息再进行新一轮生成的周期。

---

134. 周维权：《中国古典园林史》（第三版），北京：清华大学出版社，2008年，第14页。

附录一

图版

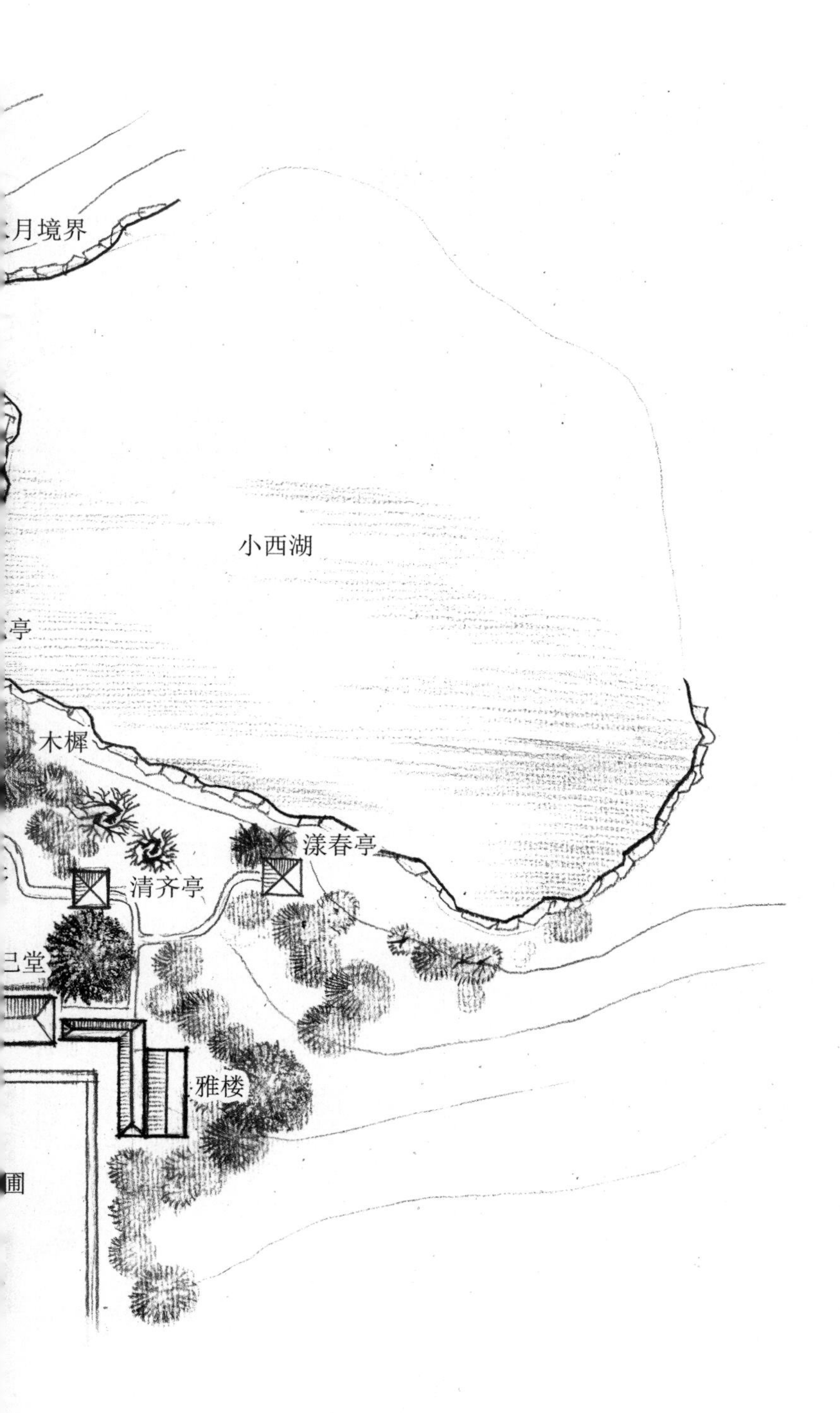
月境界
小西湖
亭
木樨
漾春亭
清齐亭
雅楼
圃

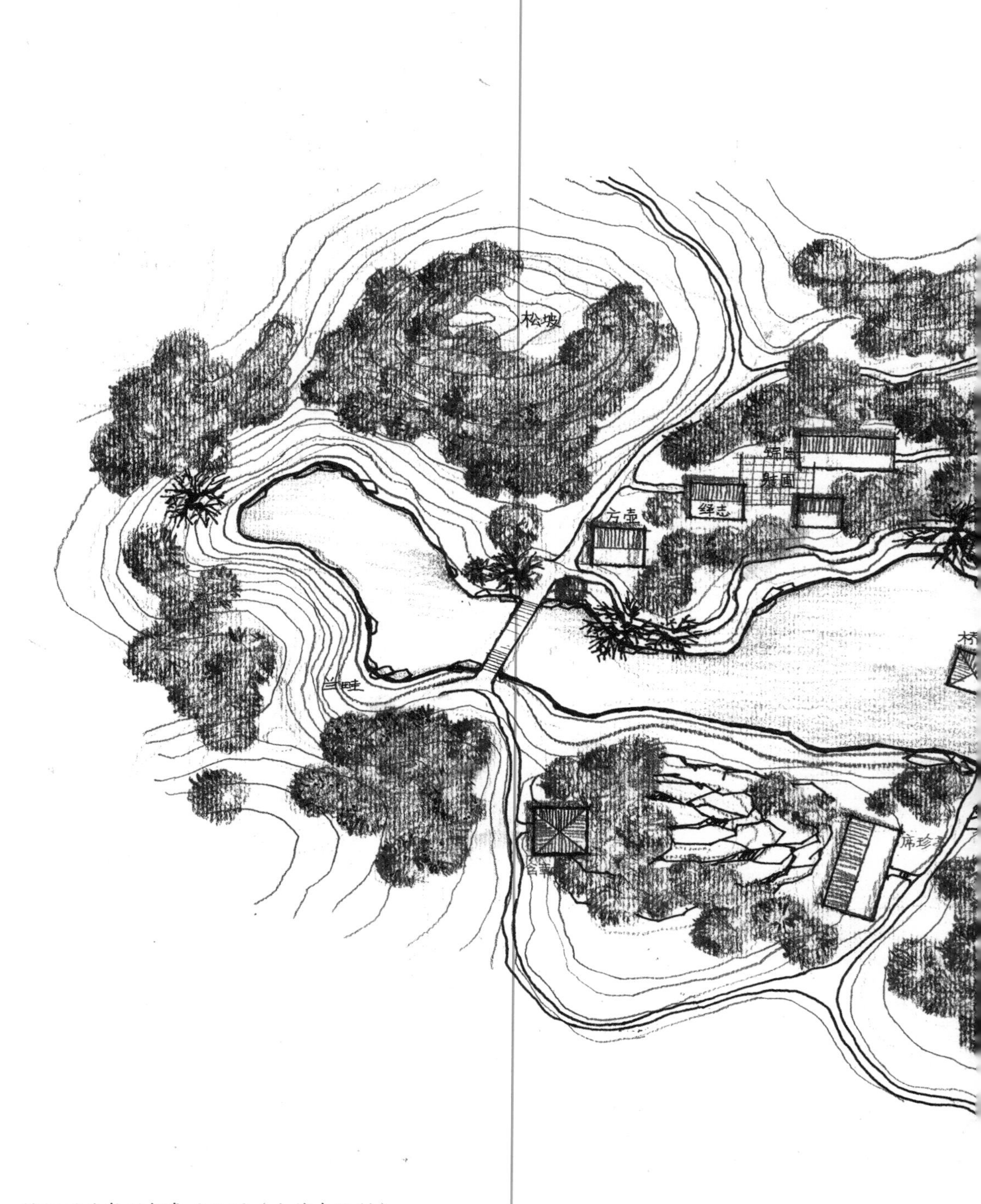

馆阁园林复原想象平面图（由笔者绘制）

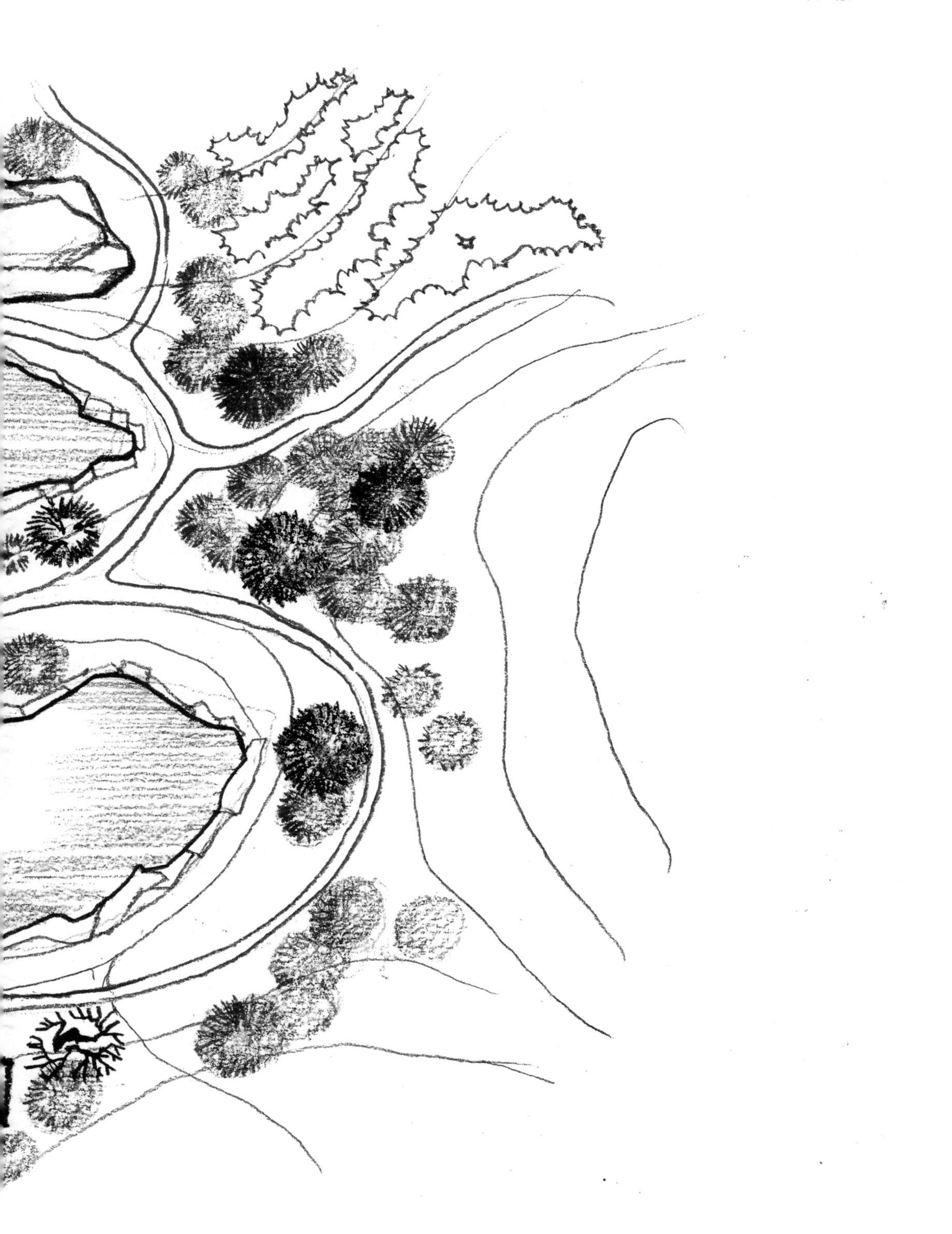

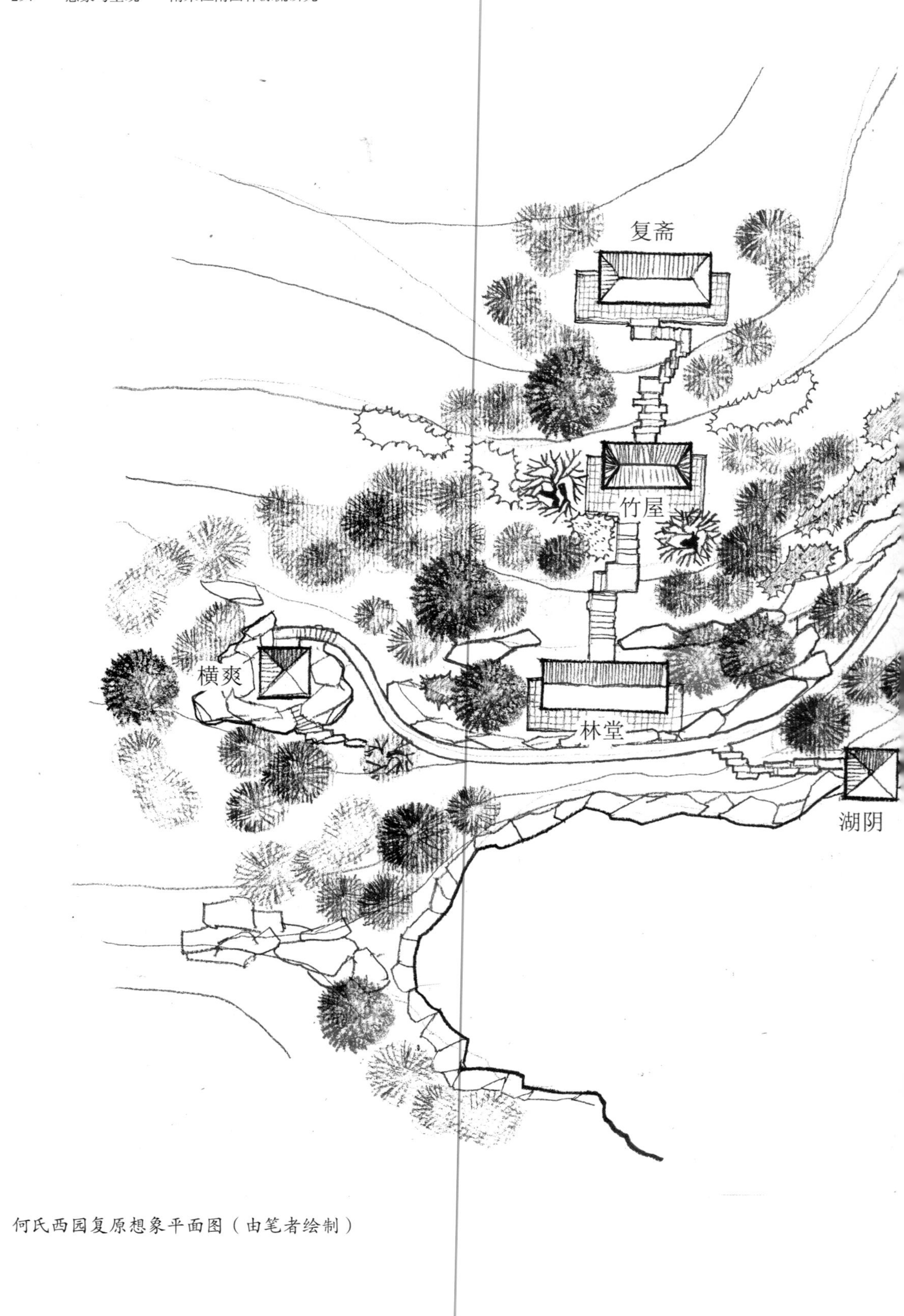

何氏西园复原想象平面图（由笔者绘制）

洪氏可庵复原想象平面图（由笔者绘制）

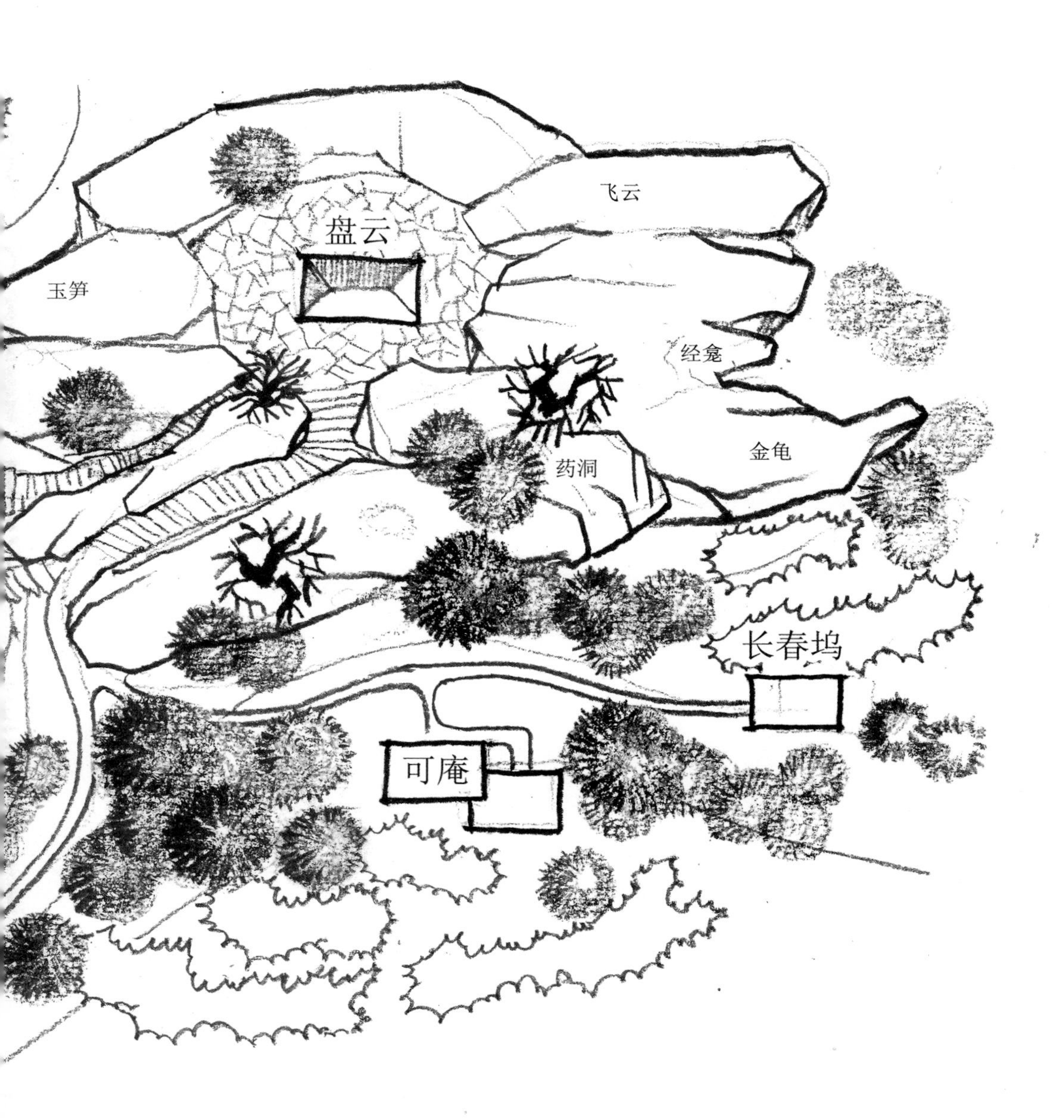
飞云
盘云
玉笋
经龛
金龟
药洞
长春坞
可庵

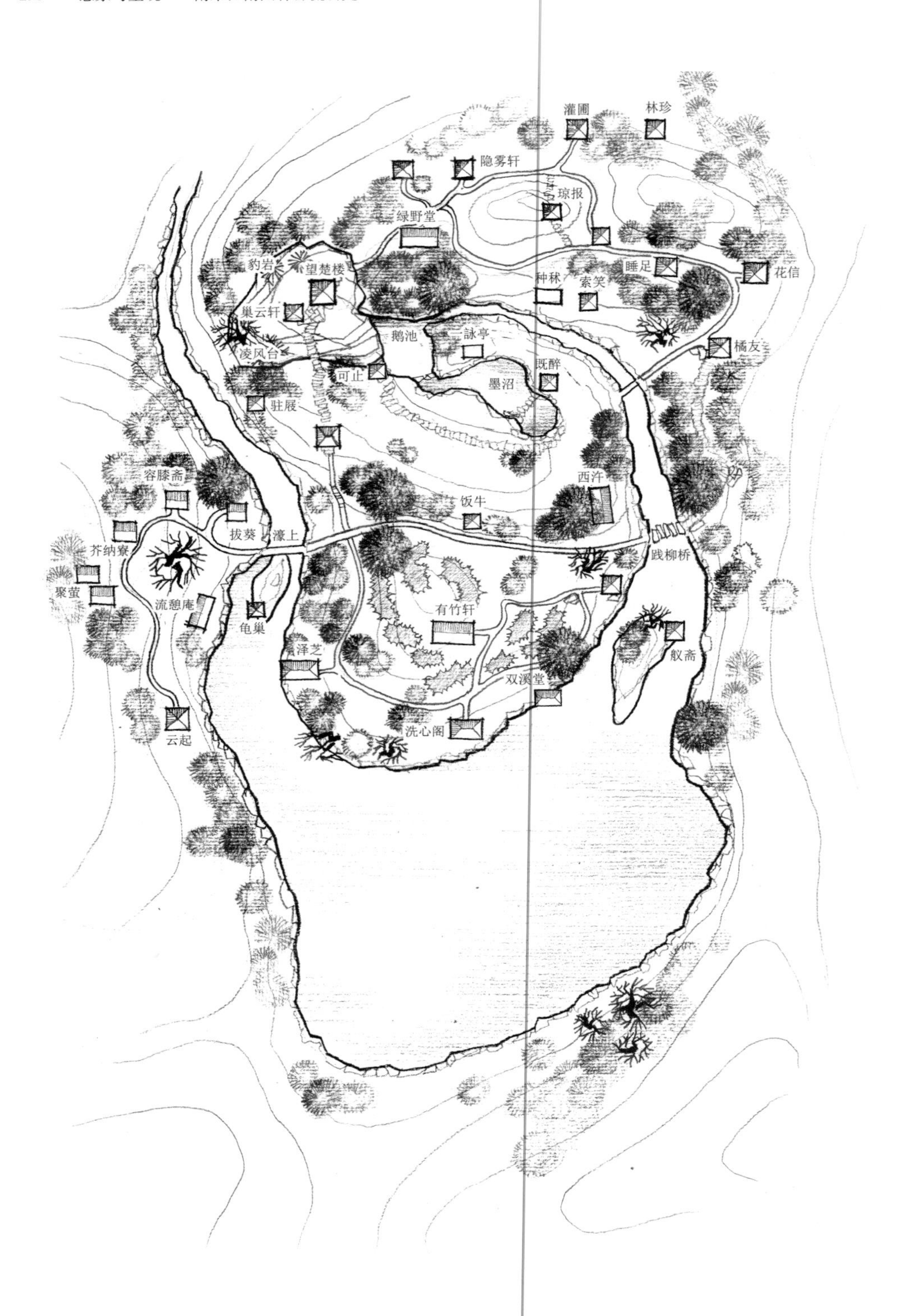

盘洲复原想象平面图（由笔者绘制）

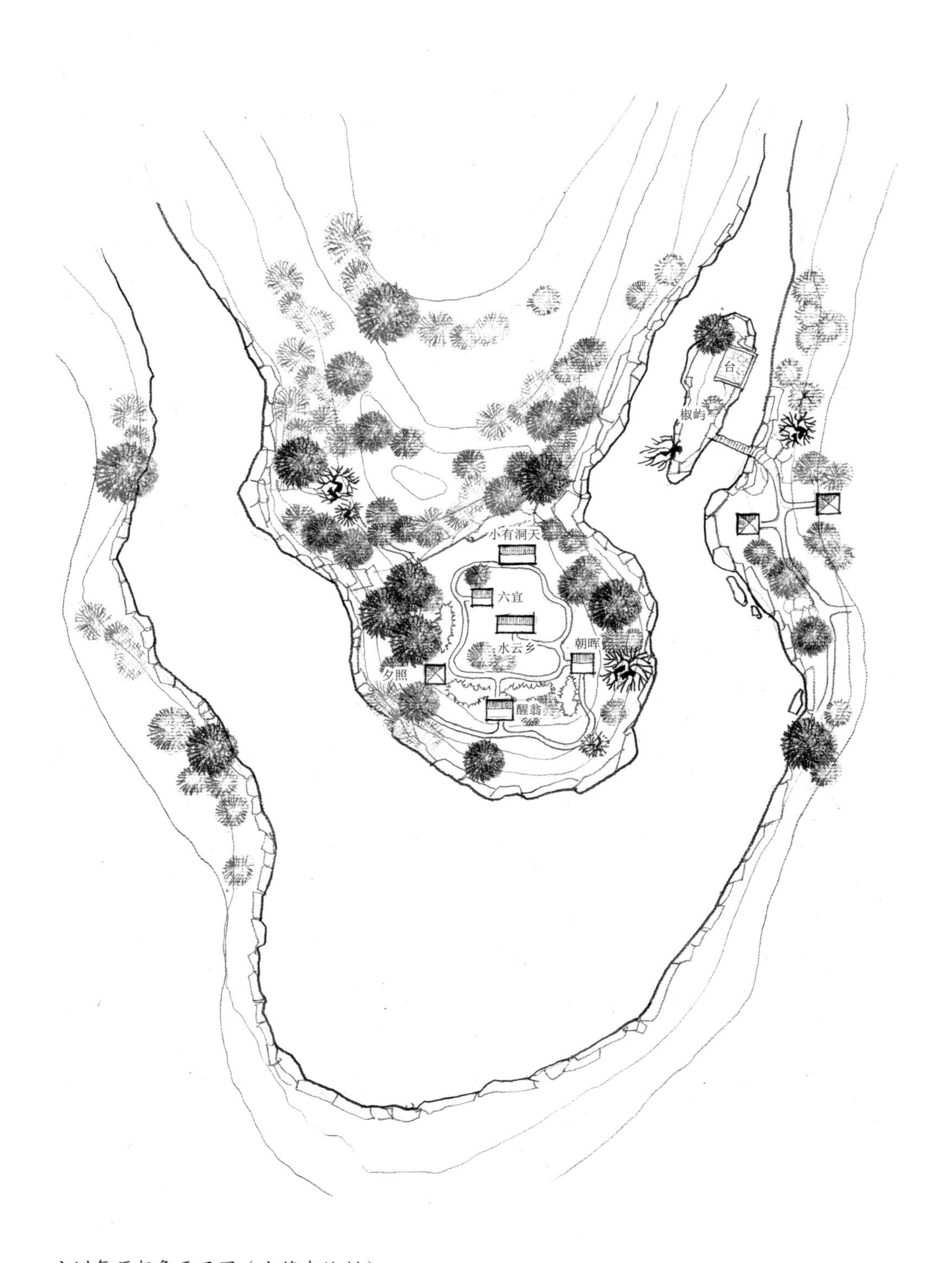

方洲复原想象平面图（由笔者绘制）

结　语

作为特定园林类型的“江南园林”，它的观念形成于南宋之前，但在宋室南渡的历史背景下，随着主流文化的整体南迁，江南园林开始有了特定形制并定型，可以说，它们与北方皇家园林一脉相承。原有的北方园林文化在接受了江南山水环境的改造后，形成了与环境相协调适应的园林构型。

南宋早期，皇家园林主导了江南园林的营造。皇室遥望古都的情怀，使他们刻意仿效京、洛模式的园林，并植入西湖山水环境里。但人为的做法始终要让位于场所带来的影响，作为园林背景的西湖山水环境使原有园林模式在此转型。扎根于西湖山水的皇家园林不仅强调天下观、神仙观，同时也再现了可获得的自然山水。自皇家而始的这个变化无疑在那个时代确立了一种标准，将原本隐性、不确定的山水园林观念主流化了。在将以西湖为典型的江南山水进行园林化写照时，西湖成为园林普遍摹写和想象的对象，而逐渐形成一种特定的园林意象，有固定的模式和结构。

官家和王贵园林紧随皇家营造的步伐，延续和发扬了皇室的园林品味。它们从园林选址、内部结构到意境表达无不以皇家园林为模板。就其本身的特点而言，官家和贵戚具有足够权利和财富优势，能在政治、经济中心临安造园。造园场地的集中性和数量上的优势，使它们能产生持续且深远的影响。同时，这类园林所具有的归属的多变性，园林活动的开放性和官员的流动性使它们在吸收了皇家园林特征后，又能与文人园林趣味交杂、融糅在一起，并对此二者同时产生影响。文人园则在官贵园林基础上进一步进行理解、转化和传播江南园林中的山水意象。他们从诗、画中吸收不同的山水意象的呈现方式、组织结构和语言模式，并投射到园林营造中，形成了一套山水园林的观念和评价标准。诗、画、园因共同的山水意象而密切联系起来。文人间园林诗文的流传对江南园林观念的明确也起到了至关重要的作用。南宋江南园林朝着主观化、意境化、符号化的方向发展，这是皇家主流园林文化落脚于江南后，受江南山水意象影响，与文人共同作用的结果。我们也可以认为，以西湖为中心的江南园林与诗、画等共同呈现了当时江南的山水意象。

参考资料

一、古代文献

[1]中国艺术研究院舞蹈研究所，《中国舞蹈词典》编辑部．中国舞蹈词典［M］．北京：文化艺术出版社，1994.

[2]司马迁，等．二十五史［M］．杭州：浙江古籍出版社，1998.

[3]吴任臣．十国春秋［M］．北京：中华书局，2010.

[4]钱俨．吴越备史［M］．杭州：杭州出版社，2004.

[5]郦道元．水经注［M］．长沙：岳麓书社，1995.

[6]王象之．舆地纪胜［M］．北京：中华书局，1992.

[7]乐史．太平寰宇记［M］．北京：中华书局，2000.

[8]祝穆．方舆胜览［M］．施和金，点校．北京：中华书局，2000.

[9]吴自牧．梦粱录［M］．杭州：浙江人民出版社，1984.

[10]周密．武林旧事［M］．杭州：浙江人民出版社，1984.

[11]周密．周密集［M］．杨瑞，点校．杭州：浙江古籍出版社，2015.

[12]孟元老．东京梦华录笺注（上下）［M］．伊永文笺注．北京：中华书局，2006年．

[13]李心传．建炎以来朝野杂记［M］．徐规，点校．北京：中华书局，2000.

[14]范成大．范成大笔记六种［M］．孔凡礼，点校．北京：中华书局，2002.

[15]叶绍翁．四朝闻见录［M］．北京：中华书局，1989.

[16]邵伯温．邵氏闻见录［M］．北京：中华书局，1983.

[17]岳柯．程史 [M]. 北京：中华书局，1981.

[18]周密．癸辛杂识 [M]. 吴企明，点校．北京：中华书局，1988.

[19]周密．齐东野语 [M]. 张茂鹏，点校．北京：中华书局，1983.

[20]罗大经．鹤林玉露 [M]. 北京：中华书局，1983.

[21]脱脱，等．宋史 [M]. 北京：中华书局， 1977.

[22]田汝成．西湖志摘粹补遗奚囊便览 [M]. 高应科，摘补．台北：洪氏出版社，1985.

[23]田汝成．西湖游览志 [M]. 杭州：浙江人民出版社，1980.

[24]田汝成．西湖游览志余 [M]. 上海：上海古籍出版社，1980.

[25]俞思冲．西湖志类钞 [M]. 台北：成文出版社，1983.

[26]季婴．西湖手镜 [M]. 北京：中华书局，1985.

[27]王士性．五岳游草 [M]. 北京：中华书局，2006.

[28]吴之鲸．武林梵志 [M]. 杭州：杭州出版社，2006.

[29]释大壑．南屏净慈寺志 [M]. 杭州：杭州出版社，2006.

[30]海内奇观刻本．杭州：夷白堂，1610（明万历三十八年）.

[31]天下名山胜概记刊本．杭州：墨绘斋刊本，1633（明崇祯六年）.

[32]丁丙、丁申．武林掌故丛编 [M]. 扬州：广陵书社，2008.

[33]李濂．汴京遗迹志 [M]. 程民生，点校．北京：中华书局，2005.

[34]李卫．西湖志 [M]. 杭州：杭州出版社，2001.

[35]沈德潜．西湖志纂 [M]. 赐经堂，1755（清乾隆二十年）.

[36]翟灏．湖山便览 [M]. 王氏刻本．上淤槐荫堂，1875（清光绪元年）.

[37]高晋，等．南巡盛典刻本．北京：武英殿，1771（乾隆三十六年）.

[38]丁丙．武林坊巷志 [M]. 杭州：浙江人民出版社，1990.

[39]孙治初．灵隐寺志 [M]. 徐增重，修．台北：成文出版社，1983.

[40]杭世骏．理安寺志 [M]. 杭州：杭州出版社，2007.

[41]朱彭撰．南宋古迹考 [M]. 杭州：浙江人民出版社，1983.

[42]李渔．李渔全集 [M]. 杭州：浙江古籍出版社，1992.

[43]顾炎武．历代宅京记 [M]. 北京：中华书局，1984.

[44]胡祥翰．西湖新志［M］. 上海：上海古籍出版社，1998.
[45]曾枣庄，刘琳．全宋文［M］. 上海：上海辞书出版社，合肥：安徽教育出版社，2006.
[46]上海师范大学古籍整理研究所．全宋笔记［M］. 郑州：大象出版社，2008.

二、近今著述

书籍

[1]周维权．中国古典园林史（第三版）［M］. 北京：清华大学出版社，2008.
[2]曹林娣，许金生．中日古典园林文化比较［M］. 北京：中国建筑工业出版社，2004.
[3]陈从周，蒋启霆．园综［M］. 上海：同济大学出版社，2004.
[4]冈大路．中国宫苑园林史考［M］. 北京：学苑出版社，2008.
[5]张十庆．作庭记释注与研究［M］. 天津：天津大学出版社，2004.
[6]童寯．江南园林志（第二版）［M］. 北京：中国建筑工业出版社，1984.
[7]曹林娣．中国园林文化［M］. 北京，中国建筑工业出版社，2005.
[8]汉宝德．物象与心境：中国的园林［M］. 北京：生活·读书·新知三联书店，2014.
[9]金学智．中国园林美学［M］. 江苏文艺出版社，1990.
[10]安怀起，孙骊．杭州园林［M］. 上海：同济大学出版社，2009.
[11]蒋启霆，陈从周．园综［M］. 赵厚均，注释．上海：同济大学出版社，2004.
[12]潘谷西．江南理景艺术［M］. 南京：东南大学出版社，2001.
[13]陈从周．梓室余墨［M］. 北京：生活·读书·新知三联书店，1999.
[14]冯钟平．中国园林建筑（第二版）［M］. 北京：清华大学出版社，2000.
[15]傅伯星．宋画中的南宋建筑［M］. 杭州：西泠印社出版社，2011.
[16]郭黛姮．南宋建筑史［M］. 上海：上海古籍出版社，2014.
[17]刘杰．江南木构［M］. 上海：上海交通大学出版社，2009.
[18]李秋香，罗德胤，陈志华，等．浙江民居［M］. 北京：清华大学出版社，2010.

[19]姚承祖．营造法原（第二版）[M]．北京：中国建筑工业出版社，1986.

[20]姜青青．咸淳临安志·宋版“京城四图”复原研究 [M]．上海：上海古籍出版社，2015.

[21]林正秋．南宋都城临安研究 [M]．北京：中国文史出版社，2006.

[22]余英时．朱熹的历史世界：宋代士大夫政治文化的研究 [M]．北京：三联书店，2011.

[23]陈小法．杭州与日本交流史 [M]．北京：中国社会科学出版社，2015.

[24]徐复观．中国艺术精神 [M]．上海：华东师范大学出版社，2001.

[25]陈来．宋明理学（第二版）[M]．上海：华东师范大学出版社，2003.

[26]钱钟书．谈艺录 [M]．上海：商务印书馆，2011.

[27]钱穆．庄子纂笺 [M]．北京：生活·读书·新知三联书店， 2010.

[28]俞剑华．中国古代画论类编（修订本上下册）[M]．北京：人民美术出版社，1957.

[29]梁启超．中国历史研究法 [M]．北京：中华书局出版社，2009.

[30]高居翰．诗之旅：中国与日本的诗意绘画 [M]．北京：生活·读书·新知三联书店，2012.

[31]姜斐德．宋代诗画中的政治隐情 [M]．北京：中华书局，2009.

[32]曹星原．同舟共济：《清明上河图》与北宋社会的冲突妥协 [M]．杭州：浙江大学出版社，2012.

[33]柏文莉．权利关系：宋代中国的家族、地位与国家 [M]．南京：江苏人民出版社，2015.

[34]国家图书馆．西湖三十二景图 [M]．上海：上海书画出版社，2010.

[35]何乐之．西湖史话 [M]．北京：中华书局，1962.

[36]陈文锦．发现西湖：论西湖的世界遗产价值 [M]．杭州：浙江古籍出版社，2007.

[37]叶建华，等．浙江通史 [M]．杭州：浙江人民出版社，2006.

[38]李虹．西湖老照片 [M]．杭州：杭州出版社，2005.

[39] 马可波罗．马可波罗纪行 [M]．冯承钧，译．上海：上海书店出版社，2001.
[40]阙维民．杭州城池暨西湖历史图说 [M]．杭州：浙江人民出版社，2000.
[41]施奠东．西湖风景园林：1949—1989[M]．上海：上海科学技术出版社，1990.
[42]施奠东．西湖志 [M]．上海：上海古籍出版社，1995.
[43]申屠奇．西湖古今谈 [M]．杭州：浙江人民出版社，1982.
[44]王国平．西湖文献集成 [M]．杭州：杭州出版社，2004.
[45]熊恩生．杭州文史丛编（多卷本）[M]．杭州：杭州出版社，2002.
[46]张建庭．自然与人文的对话：杭州西湖综合整治保护实录 [M]．北京：中国建筑工业出版社， 2009.
[47]周峰．杭州历史丛编之一：南北朝前古杭州 [M]．杭州：浙江人民出版社，1997.
[48]周峰．杭州历史丛编之二：隋唐名郡杭州 [M]．杭州：浙江人民出版社，1997.
[49]周峰．杭州历史丛编之三：北宋东南第一州 [M]．杭州：浙江人民出版社，1997.
[50]郑瑶．杭州西湖治理史研究 [M]．杭州：浙江大学出版社，2010.
[51]郑云山．杭州与西湖史话 [M]．上海：上海人民出版社，1980.
[52]仲向平．西湖名人故居 [M]．杭州：杭州出版社，2000.
[53]费尔南迪·德·索绪尔．普通语言学教程 [M]．高名凯，译．上海：商务印书馆，1980.
[54]埃马纽埃尔·勒华拉杜里．蒙塔尤 [M]．许明龙，马胜利，译．北京：商务印书馆，2012.
[55]维特根斯坦．哲学研究 [M]．韩林，合译．北京：商务印书馆，2013.
[56]维特根斯坦．逻辑哲学论 [M]．韩林，合译．北京：商务印书馆，2014.
[57]海德格尔．海德格尔存在哲学 [M]．陈伯冲，译．北京：九州出版社，2004.
[58]胡塞尔．现象学的方法 [M]．倪梁康，译．上海：上海译文出版社，2005.
[59]阿诺德·汤因比．历史研究（上下卷）[M]．上海：上海世纪出版集团，2005.
[60]J·G·弗雷泽．金枝——巫术与宗教之研究（上下册）[M]．北京：商务印书馆，

2014.
[61]梅洛・庞蒂．眼与心［M］．杨大春，译．北京：商务印书馆，2007.
[62]梅洛・庞蒂．知觉现象学［M］．姜志辉，译．北京：商务印书馆，2001.
[63]刘易斯・芒福德．城市发展史：起源、演变和前景［M］．倪文彦，宋俊岭，译．北京：中国建筑工业出版社，2005.
[64]阿尔多・罗西．城市建筑学［M］．黄士钧，译．北京：中国建筑工业出版社，2006.
[65]柯林・罗，弗瑞德・科特．拼贴城市［M］．童明，译．北京：中国建筑工业出版社，2003.
[66]凯文・林奇．城市意象［M］．方益萍，何晓军，译．北京：华夏出版社，2002.
[67]凯文・林奇．城市形态［M］．林庆怡，陈朝晖，邓华，译．北京：华夏出版社，2001.
[68]诺伯格－舒尔茨．存在・空间・建筑［M］．施植明，译．台北：田园城市文化有限公司，2002.
[69]诺伯格－舒尔茨．场所精神——迈向建筑现象学［M］．施植明，译．台北：田园城市文化有限公司，2002.
[70]彼得・卒姆托．建筑氛围［M］．张宇，译．北京：中国建筑出版社，2010.
[71]贝尔纳・斯蒂格勒．技术与时间（三册）［M］．裴程，译．南京：译林出版社，2012.
[72]E・H・卡尔．历史是什么？［M］．北京：商务印书馆，2007.
[73]雷德侯．万物——中国艺术中的模件化和规模化生产［M］．张总，等，译．北京：生活・读书・新知三联书店，2005.
[74]米歇尔・福柯．知识考古学［M］．谢强，马月，译．北京：生活・读书・新知三联书店，1998.
[75]米歇尔・福柯．词与物［M］．莫伟民，译．北京：生活・读书・新知三联书店，2001.
[76]加斯东・巴舍拉．知识考古学［M］．张逸靖，译．上海：译文出版社，2009.

论文

[1]朱建宁．杨云峰，中国古典园林的现代意义 [J]. 中国园林，2005（11）.
[2]汤忠皓．从张钱的桂隐林泉看南宋园林的植物景观 [J]. 中国园林，2001（6）.
[3]刘托．中国古代园林风格的暗转与流变 [J]. 美术研究，1988（2）.
[4]罗瑜斌，刘管平．山水画与中国古典园林的起源和发展 [J]. 风景园林，2006(1).
[5]徐燕．南宋临安私家园林考 [D]. 上海：上海师范大学，2007.
[6]柴洋波．南宋馆阁建筑研究 [D]. 南京：东南大学，2005.
[7]鲍沁星．杭州自南宋以来的园林传统理法研究 [D]. 北京：北京林业大学，2012.
[8]顾凯．中国古典园林史上的方池欣赏，以明代江南园林为例 [J]. 建筑师，2010(3).
[9]林正秋．南宋德寿宫范围与地址考索——兼和郭俊伦先生商榷 [J]. 浙江学刊，1980（1）.
[10]林箐，王向荣．风景园林与文化中国园林 [J]. 中国园林，2009（9）.
[11]李树华．中国园林山石鉴赏法及其形成发展过程的探讨化 [J]. 中国园林，2000(1).
[12]李飞．论漱石与枕流在中国园林水石造景中的应用 [J]. 中国园林，2011（4）.
[13]吴业国．南宋宁宗杨皇后籍贯、身世献疑 [J]. 中国典籍与文化，2010（3）.
[14]阴帅可，杜雁．以境启心因境成景——《园冶》的基础设计思维 [J]. 中国园林，2012（1）.
[15]朱育帆．关于北宋皇家苑囿艮岳研究中若干问题的探讨 [J]. 中国园林，2007(6).
[16]罗燕平．宋词与园林 [D]. 苏州：苏州大学，2006.
[17]张媛．宋代私家园林记研究 [D]. 无锡：江南大学，2014.
[18]侯乃慧．唐代文人的园林生活——以全唐诗文的呈现为主 [D]. 台北：政治大学，1990.
[19]贾鸿雁．宋词园林意境探幽 [J]. 东南大学学报（哲学社会科学版），2002（5）.
[20]徐海梅，刘尊明．浅谈宋词与宋代园林文化 [J]. 古典文学知识，2009（4）.
[21]毛华松，廖聪全．宋代郡圃园林特点分析 [J]. 中国园林，2012（4）.
[22]章辉．南宋休闲文化及其美学意义 [D]. 杭州：浙江大学，2013.

[23]端木山．江南私家园林假山研究［D］．北京：中央美术学院，2011.
[24]杨鸿勋．江南古典园林艺术概论［J］．建筑历史与理论，1982（2）.
[25]王劲韬．中国皇家园林叠山研究［D］．北京：清华大学，2009.

设计规划文本

[1]杭州市园林文物管理局．西湖风景园林（1949—1989）［M］．上海：上海科学技术出版社，1990.
[2]杭州市园林文物管理局．西湖志［M］．上海：上海古籍出版社，1995.
[3]杭州市园林管理局．杭州园林工作经验汇编（1949—1959）［M］．杭州：杭州市园林管理局，1959.
[4]杭州市园林管理局．杭州园林资料选编［M］．北京：中国建筑工业出版社，1977.

致　谢

首先感谢导师郑巨欣教授，本论文的点滴成就都离不开先生的悉心指导。选题上的启发、引导，研究中的关注、探讨，困难时的宽容、鼓励，都是这篇论文能够诞生的必要前提。导师的指导又绝不仅仅是这篇论文本身，而更在于对整体学术能力的培养，特别是能因材施教，注意加强我的薄弱之处，并以其博学、睿智，在言传身教中使学生潜移默化地得到进步。

感谢王国梁教授、孙周兴教授、吴晓淇教授、李凯生教授、杨振宇教授对论文所设结构和论述方式提出深刻而独到的见解；感谢宋建明教授、杭间教授、吴海燕教授、金观涛教授、陈嘉映教授、姜节泓教授，我在他们的课程中受益良多；感谢中国美术学院所有教导过我的老师。

最后，感谢我的家人一直以来的耐心支持，他们是我完成这篇论文最强有力的保障。

责任编辑：刘　炜
封面设计：涓滴意念
版式制作：胡一萍
责任校对：李　颖
责任印制：张荣胜

图书在版编目（CIP）数据

意象与呈现 ： 南宋江南园林源流研究 / 何晓静著
. -- 杭州 ： 中国美术学院出版社， 2023.12
（视觉艺术东方学 / 许江主编）
ISBN 978-7-5503-2327-8

Ⅰ. ①意… Ⅱ. ①何… Ⅲ. ①古典园林－研究－中国
－南宋 Ⅳ. ① TU986.62

中国版本图书馆 CIP 数据核字（2021）第 086221 号

意象与呈现
——南宋江南园林源流研究

何晓静　著

出 品 人：祝平凡
出版发行：中国美术学院出版社
网　　址：http://www.caapress.com
地　　址：中国·杭州南山路218号　邮政编码：310002
经　　销：全国新华书店
印　　刷：杭州捷派印务有限公司
版　　次：2023年12月第1版
印　　次：2023年12月第1次印刷
开　　本：700mm×1000mm　1/16
印　　张：20.25
字　　数：400千
印　　数：0001—2000
书　　号：ISBN 978-7-5503-2327-8
定　　价：88.00元